纸

纸浆造型艺术之美

ZHIJIANG ZAOXING YISHU ZHI MEI

张珂 王雁 编著

广东省哲学社会科学『十二五』规划资助项目课题（GD14HYS01）
广东省哲学社会科学『十二五』规划共建项目课题（GD13XYS18）
华南理工大学中央高校基本科研业务费课题（x2sjC2170100）

华南理工大学出版社
·广州·

图书在版编目(CIP)数据

纸浆造型艺术之美/张珂,王雁编著. —广州:华南理工大学出版社,2017. 12
ISBN 978 - 7 - 5623 - 5234 - 1

Ⅰ.①纸… Ⅱ.①张… ②王… Ⅲ.①纸浆 - 纸制品 - 生产工艺
Ⅳ.①TS767

中国版本图书馆 CIP 数据核字(2017)第 070708 号

纸浆造型艺术之美
张 珂 王 雁 编著

出 版 人:**卢家明**
出版发行:**华南理工大学出版社**
(广州五山华南理工大学 17 号楼,邮编 510640)
http://www. scutpress. com. cn E-mail:scutc13@ scut. edu. cn
营销部电话:020 - 87113487 87111048 (传真)
策划编辑:**赖淑华**
责任编辑:**蔡亚兰 赖淑华**
印 刷 者:**广州市天河穗源印刷厂**
开 本:787mm×960mm 1/16 印张:11. 5 字数:226 千
版 次:2017 年 12 月第 1 版 2017 年 12 月第 1 次印刷
定 价:69. 00 元

前　　言

本著作主要是针对纸浆造型艺术而进行的探索性的研究。纸浆造型艺术于 20 世纪 50 年代从美国发起，是在传统造纸术的基础上延伸出的现代新型艺术学科。国内在这方面的研究还处于起步阶段，只有少数艺术家从事纸浆造型的创作，主要集中在大学的艺术类院系。

中国是造纸术的发明国，应该重视造纸术在各个领域的运用，纸不只是一个产业，更是民族文化的体现。作为传统文化在当今的延伸，运用纸浆材料可以进行艺术创作、设计创意、审美基础教育，等等。经过近十年的有关纸浆造型艺术的学习与探索，笔者总结出了一些基础性的理论与创作技法。

本书第一章阐述了纸浆造型艺术的研究目的、研究意义，以及所采取的研究方法，介绍了现代纸浆造型艺术发展的历程，并对在我国发展纸浆造型艺术的可能性进行了探讨。第二章通过对各个时期的有关文献进行深入和细致的梳理，主要介绍了传统造纸术在材料与形式上的发展、各国可用于造型的纸的种类。每一种材料的运用以及每一种技法的诞生，都是经历了数百年甚至上千年的时间来完成的，珍惜历史留下的索引，就会激发我们沿着创新发展的道路前进，现代纸浆造型艺术的研究将成为这个领域创新发展的领头羊。第三章通过对传统造纸术的研究，整理出现代纸浆造型的技法，了解纸浆艺术在平面、立体等造型中的制作方法。纸浆源于自然，而灵感源于人类，只要多关注身边的事物，就可以把我们的思想通过纸浆材料表达出来。第四章介绍了纸浆造型艺术在生活中的运用。纸的运用几乎涉及所有领域，利用纸以及纸浆材料，与传统、现代的造纸技术结合，衍化出丰富多彩的艺术造型，应用于日常生活、建筑和环境装饰等方面，满足人们日益增长和多样化的审美和生活需求。第五章根据具体案例，从实践和技法上进行总结，探讨现代纸浆造型艺术的发展方向。第六章列举了国内外有关纸浆造型艺术的作品，并进行赏析。

由于编者水平有限，书中难免有疏漏或不妥之处，恳请广大读者批评指正。

目　　录

第一章 纸浆造型艺术

　　本著作是纸浆在造型艺术运用的基础研究，纸浆艺术的研究范围是有别于工业造纸研究的。工业造纸主要是针对商业需求的研究，包括纸浆的材料、造纸机械以及纸张的成型。纸浆造型艺术的基础研究除了上述以外，更注重通过对纸浆材料的运用，能塑造什么样的造型、呈现什么样的色彩、产生什么样的肌理效果等。通过艺术的手段，让纸浆变成美术和设计作品，具有审美的功能。

　　纸浆造型艺术来源于传统的造纸术，通过传统造纸工艺所延伸的纸浆造型艺术的作品，具有形态自然、肌理亲切、质感丰富、色彩缤纷、功能多样和可塑性强等特点，其形态既可写实，又可抽象；质感既可自然细腻，又可质朴粗犷；肌理既可稳重饱满，又可轻盈剔透；功能既可用于艺术观赏，又可日常使用。

　　纸浆造型艺术的基础研究可以从纸浆及造纸发展的历史缘由、现代纸浆艺术发展概况、现代纸浆艺术制造研究，以及纸浆艺术作品分析和美术与设计的创作实践研究等方面进行分析和论述。

一、国内外纸浆造型艺术的研究

　　我国虽然有《中国造纸技术史稿》和《中国传统手工纸事典》等有关中国古代造纸技术的书籍，并且在国际上有着重要的影响，中国运用纸浆的历史也最为悠久，但我国在纸浆造型艺术领域的研究还处于起步阶段。将纸浆材料与造型艺术结合，通过将其形态、肌理、质感以及色彩等方面的独特美感进行艺术和功能、造型等方面的创意设计，从而提高造纸行业以及相关文化产业的附加值，乃至促进纸的循环利用和低碳环保，目前在我国几乎是空白。

　　由于国内在这方面的研究较少，想了解或学习纸浆造型艺术，几乎没有任何参考资料。而有关纸的资料多是对早年造纸术记载的文献和一些研究纸张种类的书籍。纸浆造型艺术主要以手工造纸为起点，我国至今虽然还保留着零星的传统手工纸作坊，但国家对于这类非物质文化遗产的保护并没有足够的投入，它们的生存状况和未来发展情况不容乐观。也有一些地方政府对这类传统造纸工坊进行保护和发展，但多是作为旅游景点，带有很强的商业性质，而对其本身的保护和研究却几乎没有。

国内的纸浆造型艺术工作者也是少之又少，很难形成一定规模的学术性交流。纸浆材料对于创意教育，是非常重要的媒介，这种资源的缺乏，给从事有关研究和创作的艺术家们带来了较大的限制。现在能收集的资料多是一些关于纸材料的文字介绍、纸张生产过程、全国各地纸的产地和纸张本身的描述，缺乏对于纸所产生的文化价值的研究。本书将从纸浆所带来的艺术灵感的角度，来探讨纸浆造型艺术理论及其在实践中的应用。

中国作为造纸的发源地，我们应该比其他国家更加重视这种技艺的传承与创新。但现在国内对手工纸的研究几乎停滞，在我们身边，可以说很难找到手工纸或手工纸的延伸品，而最常见的手工纸就是冥纸纸衣，大工业生产的机械纸张已经充斥着我们生活的各个角落。

在很多国家，都有专门的手工纸商店，陈列着生活中可以使用的各种各样的手工纸，或者是手工纸的装饰艺术品，如书签、明信片、纸陶土的玩具等，让人们在紧张的工作之余，能体会一下手工艺和自然的温馨（图1-1）。不只是在乡村还保留着传统的造纸工坊，在都市的一些繁华地带，也有一些做手工的教室，让人们可以亲身体验这种传统的文化。

图1-1 纸浆工艺品

在人们伸手可及的地方，都可以接触到手工纸，人们从儿童时期，耳濡目染，无论是作为知识（对于自然的了解），还是作为文化（自然给予人类的美），手工纸带给人类的都是享受、欣慰和幸福。

在国外的一些大学里，都设有纸浆造型艺术工作室，设置有关课程，让学生学习手工纸的制作。学生毕业后，有的成了纸艺术家，创作出各种各样的纸浆艺术作品和设计作品，还有的学生甚至成为专业的造纸者，造出了精美的手工纸。由此可见，国外纸浆造型艺术的发展方向已经相对完善。

在中国的大学里，有很多造纸专业，为我国的经济发展提供各种具有实用性的纸张和造纸设备，但其教育规划中，并没有系统地对艺术手工纸的发展方向进行规划。我国对于纸浆艺术方面的研究几乎为零，有一些从事美术的艺术家们运用纸材料进行创作，而他们的作品大多是较为前卫的现代艺术，能够做到理论和实践并重的学者不多，因此我国亟须建立较为完善的有关纸浆造型艺术的教学基础和相关理论。

二、纸浆造型艺术研究和发展的意义

研究和发展纸浆造型艺术的意义，主要有：

一是纸浆研究的国际意义。纸浆的实际应用范围很广，纸浆在设计中的运用实际上就是一种新材料的注入，纸浆材料能运用的范围可以涵盖各种各样的产品的设计，包括灯具、衣服、包装，等等。现今，日本已经发明了一种配方，将其加进纸浆后，纸浆材料就可以用来建造房子。可见，纸浆这种材料的应用很广，同时给了我们很多创意和创作的空间，只是需要我们去发掘。

二是在当代艺术领域上的研究意义。纸浆属于新生材料，只要把纸浆特性发挥配合艺术创意，那就会有意想不到的作品诞生。

三是纸浆造型艺术专业在中国的研究意义。中国是纸浆材料的发明地，本应对其发展更加关注，纸浆造型艺术专业更是一个具有很好发展方向的专业，能够提高人们的艺术修养，同时拓宽历史传统文化的知识面。我们应该在教育上多下功夫，规划纸浆造型艺术专业的发展方向，为我国的艺术类专业注入新鲜血液。

四是探索和构建纸浆造型艺术的理论基础。纸浆造型艺术的发展具有开拓性和创新性，将推进我国纸浆造型艺术的理论研究，同时培养艺术家和设计师，为中国纸浆造型艺术的后续研究打下基础。中国历史悠久，丰富多彩的传统纸文化，将为纸浆造型艺术提供广阔的探索和发展空间，丰富、发展并最终引领世界纸浆造型艺术。

五是对传统艺术、设计观念的革新。传统概念中，作为载体的纸，成了艺术设计的创作材料，将其本身的审美价值及内涵，提升为具有独立地位的艺术语言，从而促进人们在艺术和设计观念方面的发展和革新。将中国的如宣纸、竹纸等纸浆，运用到艺术创作中，无疑将为世界艺术宝库增添更加丰富多彩的、具有中华文化特色符号的语言。

六是有利于加强中国传统造纸术这一非物质文化遗产的保护和发展。随着科技手段的进步，古老的造纸工艺逐渐淡出历史舞台，成为我国非物质文化遗产的抢救对象之一。纸浆造型艺术制作的技法很多与古老造纸术密切相关，艺术家们可直接到手工造纸的产地和作坊，与工匠们一起制作，创造出具有独特艺术语言的纸浆艺术作品，这将为非物质文化遗产保护提供新的途径，将使得传统的造纸术焕发新的生机。

七是有利于建设资源节约型、环境友好型社会。纸浆作为材料，来源广泛，除了植物，更有废旧纸、废旧衣，甚至灰尘等，只要是纤维性的材料都可以加工为纸浆，具有耗能低、环保、低碳和可循环利用等特点。因此，纸浆造型艺术的研究及其带动的产业发展符合并贯彻了我国的基本国策。

八是有利于推动中国纸文化产业的发展。造型艺术与纸浆技术的结合，不仅能传承和弘扬中国纸文化，而且能有效提高纸浆的附加价值，进一步开发纸浆艺术市场，催生新的产业模式和经济增长点，促进中国纸文化产业的发展。

纸浆造型艺术研究方法是理论与实践并重的研究方法，在研究过程中，发现纸浆材料的制作、技法的学习和综合艺术的运用都是可以进行创新的，其重点是整体构思从哪一个切入点来展示作品的内涵，以拓展专业视野空间。纸浆材料是可以通过各种艺术手法创造作品的，本著作主要是研究纸浆材料在艺术领域中的实际应用与理论创新，在现有的纸浆造型艺术中寻找新的艺术表现方式，同时包括技法的创新，并结合材料艺术的特点进行实践与理论的研究。

三、纸浆造型艺术实验的诞生

目前，纸浆造型艺术在国内还是一个新型的艺术学科，华南理工大学设计学院建立的国内第一所纸浆造型艺术实验室，能够进行纸浆造型艺术实验。

纸浆造型艺术与其他的艺术形式相比，属于年轻的艺术，是于20世纪70年代在西欧诞生的。众所周知，20世纪初开始的现代艺术流派，使得艺术从架上绘画转向了运用各种材料作为创作的媒材来表现艺术家的作品。当时许多艺术家来到造纸工坊，与当地的抄纸工匠们一起进行艺术品的创作与制作，使传统的材料在当代艺术中获得了新生。之后在一些大学里建立了纸浆造型艺术实验室，将纸浆在艺术创作中的运用融入了艺术的实践与教学中。

1978 年在美国旧金山举办的国际纸艺大会（International Paper Conference）上，美国杰米纳版画工坊（Gemini G. E. L.）的艺术总监泰勒（Kenneth E. Tyler，1931—）讲述了纸浆造型艺术诞生的缘由：在日本的京都参观了造纸工坊，被京都的传统纸工艺的技法所吸引，觉得是否可以让艺术家直接来到工坊，与抄纸技术相结合，来进行艺术创作的实验。

1973 年在泰勒的策划下，于当年 8 月，与著名画家劳申伯格（Robert Rauschenberg，1925—2008）在法国的"理查德·得·巴斯"（Richard de Bas Paper Mill）（图 1-2、图 1-3）这个古老的手工造纸工坊，进行了一系列的纸浆造型的艺术作品的实验性创作和制作。《书页与导火线》（*Page and Fuses*）（图 1-4）系列作品的创作，他们把这个作品的技法称作"纸浆造型"（Paper Work），这就是纸浆造型艺术的诞生。

(a) 工坊Logo

(b) 工坊外景

(c) 工坊内景

(d) 制作中

图1-2 法国里昂近郊的"理查德·得·巴斯"造纸工坊

图1-3 劳申伯格（右一）在
"理查德·得·巴斯"制作作品

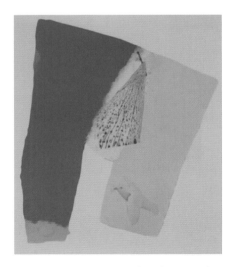

图1-4 劳申伯格《书页与导火线》

泰勒在介绍这次策划时说道："无论对于劳申伯格，或是'理查德·得·巴斯'来说都是一次具有历史意义的国际性合作。劳申伯格的'*Page and Fuses*'作为纸浆造型艺术最先锋的作品，也打破了纸作为艺术表现的'支持体'这一传统的观念，而带给了艺术家们一种艺术创作的新型方式。"

泰勒的发言，为现代实验艺术提供了两个重要的观点：一是纸浆可以作为媒介材料，运用到现代艺术中；二是提出了世界各地的传统产业在现今得以生存的另一种方式，这也是从全球化的自然环境保护的不同角度而提出的，以传统的媒材赋予现代艺术新的社会意义和创作灵感。

图 1 - 5　泰勒（左一）与霍克尼
在共同创作

1978 年泰勒又在纽约的郊外建立了大型艺术工坊"Tyler Graphics"，专门从事版画、纸浆艺术、综合艺术等实验创作，并邀请了著名画家霍克尼（David Hockney，1937—）（图 1 - 5），在那里共同进行了"*Paper Pool*"系列的创作和制作。通过这些实验性的实践，纸浆作为素材在造型中的可能性及将来的发展趋势，被现代艺术领域所关注。

从劳申伯格和霍克尼等人的作品中可以看出，最初的纸浆造型实验，运用的是类似京都的一种传统的金属框架的技法（图 1 - 6）。泰勒在京都的造纸工坊里，看到的应该就是这种制作装饰纸的方法。运用金属做成各种各样框状的形，往里面浇注不同颜色的纸浆，可以制作出有不同纹样的色彩斑斓的装饰纸张（图 1 - 7）。这是日本传统装饰纸的制作方法，日语称作"小间纸"，意为有一块块图案的纸。这种技法与版画相似，适合批量性的生产，可以制作各种复杂的纹样，也非常适合艺术作品的创作（图 1 - 8）。

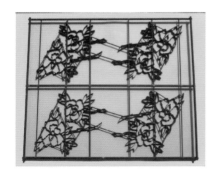

图 1 - 6　制作装饰纸的金属模型

图 1 - 7　日本传统的装饰纸《云与蝙蝠》

(a)

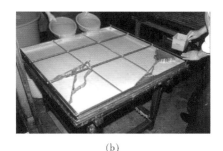

(b)

图 1 - 8　运用金属模具的制作场景

　　劳申伯格最初的系列作品《书页与导火线》就是运用这个技法，并与丝网版画并用，每一幅作品限定 29 张，虽然还不是纯粹的纸浆造型的作品，但这种实验，也影响到了他后来运用综合性材料进行绘画。

　　在纽约的 Tyler Graphics 工坊进行制作的霍克尼，接受泰勒的建议，运用金属框开始制作，霍克尼的作品尺寸较大，花费三个月完成的 29 幅《纸浆游泳池》系列作品（图 1 -9），将水面的发射光和微妙的水波纹巧妙地结合在一起，每一幅都是同样的主题和构图，但每一幅又都是独立的作品。霍克尼的这个实验作品，只在画面中的一部分运用了金属框的技法，而画面其他部分是将纸浆直接浇在画面上，描绘出图形，这在后来被人们称为"纸浆画"（Pulp Painting），开创了纸浆新的表现方法（图 1 - 10）。

图 1 -9　霍克尼《纸浆游泳池》　　　　图 1 - 10　《纸浆游泳池》制作场景

　　泰勒其实并不是第一个运用纸浆来进行造型的实验者，之前已经有一些艺术家进行了尝试。1943 年，修特（Dard Hunter，1883—1966）出版了一本介绍世界各地手工造纸的历史和现状的专著，引起了业界的反响，被艺术界和收藏界广泛关注。受此影响，道格拉斯·鲍威尔（Douglass Powell），在 20 世纪 40 年代末就开始进行纸浆造型的实验（图 1 - 11），他的实验对于这种新材料的艺术开发，给艺术界带来了很大的影响。

而泰勒通过将纸浆造型与世界顶尖艺术家合作的实验，不只是诞生了"纸浆造型艺术"的新型画种，更是为我们提示了运用纸浆材料进行艺术造型的可能性。

之后，纸浆造型的活动非常活跃，并于 1982—1983 年举办了国际巡回"新美国纸浆造型艺术展"。在展览的前言中，策划人法尔玛（Jane M. Farmer）说道："艺术家们将世界上逐渐消失的传统文化和材料，进行融入自己的艺术作品中的实验与尝试，表现出了前所未有

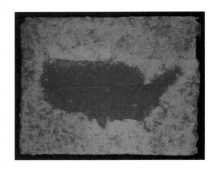

图 1 - 11　鲍威尔《美国地图》，1960

的敏感，将材料的美感呈现出来。纸浆作为新型的美术素材，传统造纸术在这些艺术家们的努力下，在急剧发展的美国现代艺术中得到了生存的空间。"①

20 世纪 60 年代末开始，有很多美国的大学在版画和美术课程里，增加了手工造纸和纸浆造型的实验课程。最著名的是加纳·塔利斯（Ganer Talis）的"实验版画研究所"，这些试验工坊的创立，使得纸浆造型艺术在国际上得到普及，人们对纸浆材料倍加关注。20 世纪 80 年代，日本著名版画家黑崎彰在京都精华大学设置了"纸浆造型工作室"，这也是日本唯一一个大学里的纸浆造型工作室。此后，世界美术的发展由对纸的关注，进而引申到对不同表现材料的实验性运用，艺术家们把材料作为艺术表现的重要手段。

四、可作为艺术运用的纸浆材料

目前纸浆造型艺术使用的纸浆材料大多是"西洋纸"和"日本和纸"的原料。"西洋纸"的材料多为木浆，"日本和纸"多为皮浆。纸浆造型艺术作品具有形态自然、肌理亲切、质感丰富、色彩缤纷和可塑性强等特点，其形态既可写实，又可抽象；质感既可自然细腻，又可质朴粗犷；肌理既可稳重饱满，又可轻盈剔透；功能既可用于艺术观赏，又可日常使用。

传统抄纸是为人们日常使用而制造的，包括书写、包装、印刷等，基本上不需要体现具有思想性的内容；而纸浆艺术作品作为人们欣赏的对象，需要有造

① 伊部京子. 现代的纸造型［M］. 东京：至文堂，2000：128.

型、色彩及艺术思想。纸浆造型艺术是单幅制作，不需要像造纸一样大批量生产，因而一般不考虑成型过程中的简便与烦琐，只需符合创作的需要。

纸浆造型艺术中，纸浆材料的来源可以是多方面的，主要分为四大类：一类是现有的半成品，即工业用纸浆板；第二类是用来自自然的树皮、树木或其他的纤维材料进行打浆；第三类是将现有的纸张或不用的纤维材料的用品进行回收；第四类是化学材料的纸。

1. 以天然木材为原料的木浆

1798 年，法国人罗贝尔发明了连续抄纸的机械，这种机械被使用后，造纸业成为一个大型的产业。原来造纸中使用的麻、木、棉的布，已经不能满足当时的需求，于是人们开始研究新的材料。法国的科学家莱恩穆尔发现了木头上的细小纤维的构造像蜂巢，提出了利用木材作为原料进行抄纸的可能性。经过 50 年左右，1840 年德国的凯拉在莱恩穆尔研究的基础上，将木材打碎，制作出了纸浆。木材纸浆的发明与使用促进了造纸业的迅速发展。木材大量运用于造纸是在 19 世纪中叶以后，随着机械造纸技术的不断发展，这种造纸技术很快传到各地，尤其在日本，这个技术得到进一步发展，使日本成为当时世界上较强的造纸国之一。

现在，由于传统造纸受产量和造价的限制，机械纸的生产得到了很大的发展，人们普遍称其为西洋纸，西洋纸的纸浆原料以木材的芯为主，将其粉碎而制成。同样的纸浆里面加上各种各样的调料辅助，可以做成不同功能的纸张。纸浆的原料来自针叶树与阔叶树，针叶树的纤维较长，制成的纸强度较好。反之，阔叶树做成的纸比较厚实。为了防止墨水的渗透而添加化学品，多少会给纸带来副作用。为了使纸具有较高的平滑度和不透明度，会在纸浆中加入一些白色的颜料，这些添加剂会使纸酸化（图 1－12）。现在普遍使用中性添加剂，以防纸质酸化。

图 1－12　西洋纸的原材料

利用纸浆进行立体成型，已经非常普遍（图 1－13）。利用模具和真空压力进行脱水，其干燥后，可以做出各种凹凸造型的纸浆模型，现在很多艺术家也利用这种方法进行艺术创作。还有一种方法，是在现成的平面纸上进行立体压型，如纸浮雕，我们生活中的明信片与贺卡也是利用此法做成的。

2. 以树皮为原料的皮浆

皮浆的材料来源可以是多方面的，如中国宣纸的材料"青檀皮""竹浆""桑树皮"；日本的"楮树皮""三桠皮""麻""莎草""棕榈"；竹纸的"竹子"材料等，都是纸浆造型表现的重要材料，只要是具有纤维性质的植物都可以。

我国最具代表性的皮浆纸就是现在书画用的宣纸、皮纸等，其原料主要是青檀皮。现在虽然已经不大使用楮树皮浆料制造的纸，但我国傣族至今还保留制作楮皮手工纸的作坊，楮皮纸的特点是韧性强、耐用、透气、质白、书写流畅、不易破损，植物纤维手工纸能保存 400～500 年，

图 1 - 13　以纸浆材料制作的日用品模型

傣族人民使用它来抄写经书，以及书写作画，包裹普洱茶，制作孔明灯等。造楮皮纸的过程分别是准备经过打浆的纸浆原料（图 1 - 14），把纸浆倒入池中搅拌均匀（图 1 - 15），搅拌均匀且已混入纸药的纸浆（图 1 - 16），开始捞纸（图 1 - 17），已经用网捞好的纸浆（图 1 - 18、图 1 - 19），晾干纸浆（图 1 - 20），等晾干以后就可以进行掀起纸（图 1 - 21、图 1 - 22），最后得到成品（图 1 - 23）。

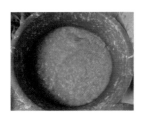

图 1 - 14　纸浆

图 1 - 15　搅拌纸浆

图 1 - 16　搅拌均匀的纸浆

图 1 - 17　捞起来的纸浆

图 1 - 18　捞好的纸浆

图 1 - 19　正在捞纸

图 1 - 20　晾晒干纸浆

图 1 - 21　掀纸 1

图 1 - 22　掀纸 2

图 1 - 23　成品

3. 废纸的循环再造

第三类就更多了，废旧纸张、废旧的衣物等都可以做出非常有质感的纸来，另外还有香蕉的皮、洋葱皮等，甚至一些灰尘。

在我国明代（1368—1644），废纸早已成为我国造纸原料的另一来源。《天工开物》（1637）记载了用废纸脱墨制"还魂纸"（今称再生纸）。宋应星在《天工开物》中写道："其废纸洗去朱墨污秽，浸烂入槽再造，全省从前煮浸之力，依然成纸，耗亦不多。南方竹贱……不以为然；北方即寸条片角在地，随手拾取再造，名曰还魂纸。"清代还出现了收购废纸的小贩（图 1 - 24）。[①] 在图中看到，回收废纸的小贩在忙于收购，能够看到废纸回收行业有一定的市场需求。

中国利用废纸造纸比西方国家至少早 600 年。1800 年，英国人库普斯（Matthias Koops）开展废纸再造纸的实验取得初步的成功。西方国家的强势在于机械的发明和使用，但当时造纸机正处于研发阶段，还没有完全面世，因而继续使用手工抄纸。1874 年德国率先使用碎纸机，他们还注意到回收回来的废纸会带有细菌，需要先进行处理。后来，德国制造商研发出废纸净化机械、半干式疏解机和碾磨机等。1905 年德国人亨利（L. Henry）和皮茨基（W. Peteche）还发明了废纸脱墨技术，从而加大废纸回收的范围。直到 1970 年，全球造纸业掀起了"废纸再生工程热"，对废纸造纸做了更加深入的研究，并投入工业生产中。

废纸回收循环再用是我们现今社会的环保口号，但早在南宋我国已经掌握了废纸再用的方法，这可以说明废纸再造起源于宋代，也有文献记载元代的马端临（1254—1323）编撰了《文献通考·卷六》，书中记载，"南宋湖南漕司跟刷举人落卷，及已毁抹茶引故纸应副，抄造会子"（图 1 - 25）。[②] 这段话的意思是，在南宋，湖南运输管理部门利用落榜举人的考卷纸和包装茶叶的说明书等废纸，一起掺入新纸浆中抄造成印"会子"的纸。会子是当时户部发行的纸币，相当于今天的钞票。由此可见，废纸的循环再造从南宋开始已被人们所运用。

---

① 刘仁庆. 造纸趣话妙读 [M]. 北京：中国轻工业出版社，2008：36.
② 刘仁庆. 造纸趣话妙读 [M]. 北京：中国轻工业出版社，2008：28.

图 1-24　清代收购废纸的小贩

图 1-25　会子

泰国甚至还从牛、马、象等动物的粪便里提取出纤维。食草动物的粪便里残留着很多未消化的纤维，其消化的过程，就是一个很完美的打浆过程，将之清洗干净，就可以抄出具有美感的纸张。我们很久以前使用过的马粪纸，就是这一类纸。

牛仔裤布料里含有很丰富的纤维素，布料所用的线也比其他的布粗，所以织成的布不易破烂，因此若想把它打成浆，具有较高的难度。在将这些布剪成较碎的小碎片之后，加上苏打，煮 2～3 个小时。或在水里浸泡几天，会更有效果。

还有如装饮料的纸壳等容器，都是非常适合的纸浆材料。首先要把外层的薄膜清理掉，将它们剪成 5 厘米左右的纸片，放进水里浸泡 1～2 天。然后放在炉子上用水煮 1.5 小时，如果加入少量的苏打，可以帮助薄膜尽快脱落，薄膜脱落后，剩下的就是细腻洁白的纸浆了。

这些材料可以直接运用到作品的创作中。平面的艺术作品，一般不要求纸浆的强度，只要求其本身的质感和色彩的呈现度。在进行立体或实用的设计作品创作时，需要提高纸浆的强度，以便支撑整个作品的造型。

4. 以化学材料为原料的纸

以化学材料为原料生产的纸张，分为有机化学材料纤维和无机化学材料纤维。

19 世纪西欧造纸术革新，1867 年，美国人切尔曼（B. C. Tilghman，1821—1901）发明了使用亚硫酸加木材制作纸浆的方法，这个发明影响了之后的世界造纸业。我们前面所说的都是手工造纸，是运用树皮为材料的纸张，而这种方式可使用的材料较少，而且手工造纸的速度缓慢，不适合于机械化的操作。而直接使用木材的造纸方法使得造纸能够既快速并大量生产，形成了造纸工业，由此造纸进入了科学的时代。

1957年，美国的纸化学研究所（Appleton，Wisconsin）开始研究各种可造纸的原料、材料、机械设备等，他们研究出可造纸的有机原料和无机原料。有机原料主要为天然高分子、半合成高分子、合成高分子等，无机原料有陶瓷纤维、石棉纤维、玻璃纤维、金属纤维等。新的材料不断被发明，我们现在每天所使用的纸材料、纸用品包括纸张和生活用纸，其实都是由很多材料融合而成的，有天然的，有化学的；纸的制品有单张、片状的，如复印纸等；还有以纸为材料做成的各种立体的用品，如纸箱。

有机化学纤维、合成纤维，以及合成纸浆与天然纤维相混合，主要是与木浆纤维混合，这种纸既可以作为普通的纸张使用，也具有塑造的功能，给纸带来了新的使用方式，如室外的广告、食物的包装等。根据人们生活的需求，纸张的功能不断被延伸，使得作为纸的材料不断在开发，这种纸的制造方法，与传统的造纸方式完全不同，由于化学材料的融入，纤维的结合方式发生了变化，如很多化学纤维可以通过高温使之片化，可以做出又轻又薄、既防水又隔热的纸张，并且具有传统纸张所没有的强度，而被普遍运用于现代的包装行业中。

以无机材料为原料的纸张，一般是用于工业的纤维状纸张，如玻璃纤维、金属纤维、碳素纤维、石棉纤维、陶瓷纤维，尤其是陶瓷纤维作为无机纤维的纸张材料受到广泛的关注。陶瓷纤维的成分主要是氧化硅和氧化铝，它可以耐1200℃以上的高温，玻璃以及其他材料只能耐600℃高温，陶瓷纤维耐热性更强，且防潮、不易腐蚀。将陶瓷纤维与木浆混合起来可以运用普通的造纸方式进行抄纸，比如可以利用洞中的热交换零件呈现出普通纸张的造型，但又适用于特殊的用途，或者成型之后再通过烧制去除有机成分，可以得到纯度较高的陶瓷材料的纸张，称为"陶纸"。这种陶瓷纤维也可以用来铸造一些造型，也可以经过压制做成各种陶瓷用品，陶纸可以自由裁切、弯曲，甚至还可以进行印刷。

日常生活中，这种无机纤维纸运用非常广泛，如纸制的容器，尿不湿、防潮剂的外包装等，还有很多精密仪器、医学用纸中要求纸张不易潮湿和破损，在一定期间内具有一定的稳定性，这种纸一般称作特殊纸。特殊纸在各种特殊领域广泛使用，其范围不断地扩大。在今天的造纸工业中，纸的材料在不断地被发明，纸的用途也在不断扩展，随之出现的造纸方式，也层出不穷。

液体纸浆材料的运用，也是国内较新型的研究。我们所说的纸浆，一般是放入水中，再从水中捞起，将水去掉之后，再使其干燥。而这里所说的"液体纸浆"，是作为材料的液体状的纸浆。它以纸浆材料为主，添加了其他多种辅助材料，以增加液体纸浆材料的强度，这不仅可以进行纸浆造型艺术，还可以运用到设计和工业生产中。

第二章　纸浆材料起源的历史背景与发展情况

　　纸浆造型艺术研究虽然是一个全新的艺术领域，但它是建立在我国古老的造纸文明的基础上的。纸浆造型艺术的技法、材料、成型原理等都来自于传统的造纸文化。介绍纸浆的历史将有助于人们了解纸材料的发展轨迹，理解纸浆的形成与制作过程，从而对纸浆造型艺术创作产生影响。

　　造纸术是中国古代的四大发明之一，而中国发明造纸术的时间比造纸术传入欧洲的时间要早近 1000 年。在造纸术发明之前，各个古国都有自己的记事媒介，中国造纸术的出现和传播，以致整个世界的记事媒介发生了巨变，同时促进了造纸行业的发展。

　　现今世界对纸这种媒介的应用已经有了前所未有的发展，特别是在工业上的应用较为广泛。在国内，纸浆的应用主要分为纸张和纸板；在国外，纸浆的应用不但在工业上高速发展，而且在艺术造型作品中也有不凡的成果。由于中国古代朝代变更频繁，导致相当数量的珍贵纸制品流失，后来又经历了"文革"这样的特殊历史时期，许多传统的文化艺术更是惨遭灭绝。

　　中国是造纸术的发明国，如何在日新月异的新时代里把这门古老的技艺发扬光大，充分发挥纸在新时代的应用是我们面临的重要课题。我们在日常的生活中都离不开纸，纸浆艺术在国外已经形成一种特有的艺术表现形式，国内也可以引进作为一门专业学科，培养具有专业美术素养的纸浆艺术家，在研习和传承中国传统手工造纸工艺的同时，还能够运用纸浆进行现代艺术的创作。纸浆作为一种艺术形式也是易于普及的，在中小学美术教育和群众文化活动层面上，也非常适合推广。纸浆艺术能够以更引人注目的艺术形式出现，也能够把中国的传统文化以新旧结合的方式发扬光大。

一、记事媒介的起源

　　由人类需要记载事件开始，就出现了各种记事的办法。例如，古代人把绳子打结，记住曾经发生过一件事情。待文字出现之后，人们开始使用金属利器、石头利器以及木棍等刻制文字来记事。当文字和书写工具渐渐成熟之后，用来记事的媒介就有所不同，先后出现了在石头、动物骨头、青铜器、竹片和木片以及帛上记载文字内容。各个古国都有其记事媒介的发展历史，在纸出现之前，人们尝试着寻求各种记事的方法。我国古代在发明造纸术之前，记事媒介就有岩石（岩画、碑刻）、甲骨、竹简和绢，而其他古国有黏土板、纸莎草、泥砖、羊皮、树叶（贝叶经）和蜡版等。直到纸的出现，人们才慢慢摆脱书写较烦琐、较难控制的局面。

1. 中国古代记事媒介的起源及发展

　　称"纸"为"记事媒介"是因为早期的"纸"还不能称作为纸，而只是一种记录当时事情的媒介。

　　中国是四大文明古国之一，拥有古代四大发明，对世界历史发展有着重大的影响力，其中造纸术的发明促进了造纸业的兴旺、版画艺术的诞生和各种文化活动的交流，等等。在发明纸之前，人们对记事媒介的寻找付出了努力，一步一步地发展起来了，以下简单回顾一下我国记事媒介的发展历程。

　　"纸"字在我国出现得比较早，在秦朝的古文中已有关于"纸"这个文字的记载。并且能够在唐代之前的文献中找到很多处关于"纸"用字的证明：①晋代张澍《三辅旧事》，"卫太子大鼻，武帝病，太子入省；江充曰：上恶大鼻，当持纸蔽其鼻而入"。②唐马聪《意林》引东汉应劭《风俗通》称汉光武帝"东驾徙都洛阳，载素、简、纸经凡二千辆"。③《后汉书·贾逵传》记载，"选诸生高才者二十人，教以《左氏》，与简纸经传各一通"。[①]

　　这些记载中的"纸"虽说都是丝织品所制成的，但这也可以表明，"纸"可用于记载和书写的观念深入人心的历史较为久远。东汉时期，蔡伦（？—121年）成功地用植物纤维造纸，并且他制作纸的原料也较简单和易得，有树皮、麻、旧布、渔网。这些材料在东汉时期是比较容易得到的，且旧布和渔网的原材料是麻，这些材料都有着长纤维，比较方便再次制成更小纤维进行捞浆。这就是蔡伦的植物纤维造纸。

　　蔡伦发明造纸后约八十年，东汉末年，山东省东莱（今莱州市）人左伯，首先改良了纸的品质，他造出更细腻、有光泽的左伯纸，这种纸是采用桑树皮的纤维制造的。

　　西晋时，因八王之乱以及外戚夺权，都城南迁，造成南北朝对峙的局面，使得长江流域为主要手工造纸地区，造纸原料由原有的麻、树皮，扩大到竹子、稻草、稻秆、藤皮等多种原料，纸的品种也相继增加，如侧理纸、蜜香纸、剡藤纸

---

①　戴家璋. 中国造纸技术简史［M］. 北京：中国轻工业出版社，1994：67 - 68.

等历史上有名的纸张。炼丹家葛洪（284—364）发现黄蘖煎熬取汁涂抹在纸上可以防虫，并且还可以用来染色。黄蘖为我国长白山及大兴安岭林区主要阔叶树种之一，既是中药也是染料。同时还发现使用淀粉施胶涂抹可以使纸张变硬，具有防水的功能。

隋唐、五代到宋朝，纸的发展更加昌盛。原料方面，桑皮、瑞香科树皮、木芙蓉皮、藤皮、竹料等更普遍，并且印刷术已发明，用纸量增加，因为人们吟诗互赠及社交的需要，笺纸开始流行。在制纸工序中加金花、彩色染料、金泥等材料，可以生产出更高级、更漂亮的纸。南唐后主李煜，曾亲自监制"澄心堂"纸，此纸"肤如卵膜，坚洁如玉，细薄光润，冠于一时"，具有"韧而能润、光而不滑、洁白稠密、纹理纯净、搓折无损、润墨性强"等特点。北宋苏易简《文房四谱》记载："李主澄心堂为第一，其为出江南池。歙（shè）二郡。今世不复出精品。"后来也曾出现各种仿制品，但仍然做不出南唐时那样的纸张。它具有渗透性、润滑性，被许多书画家所喜爱，更有宋代著名的绘画家李公麟（1049—1106）的《五马图》（图2-1）以及欧阳修（1007—1072）的《新唐书》（图2-2）和《新五代史》也是采用此纸。再加上它耐老化、不变色、少虫蛀、寿命长，故有"纸中之王、千年寿纸"的誉称。

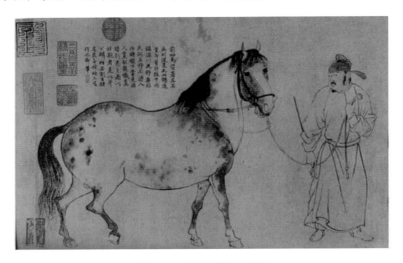

图2-1 《五马图》局部

宋代，社会的稳定带动经济的繁荣以及印刷条件的成熟，纸张也被用于制作钞票。一场货币的变革就此到来，出现了"交子"和"会子"这些用于汇兑的商业票据，且大量发行纸钞，官府曾专门设立了拥有一千二百余人的造纸厂来生产钞票用纸。

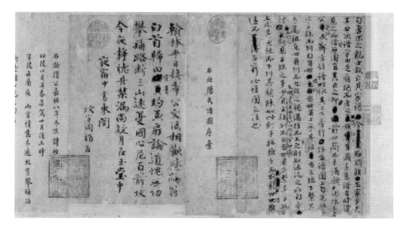

图 2 - 2 　《新唐书》局部

元、明、清三代集结了前人的经验，在原料、工艺技术、设备和加工等方面，都有所提升，并出现了《天工开物》这一类的专业技术书籍。纸的用途也随着社会的改变而日益扩大，除书画、印刷、包装和宗教活动用去大量纸张外，还流行使用壁纸作为室内装饰，纸屏风也在当时的上流社会极为流行。

明清时的造纸原料，逐渐集中在竹、树皮、麻、稻草这些品种中，竹纸以江西、福建的连史纸和毛边纸最为普遍，多用于印刷和书画，麻纸仍以北方各省为主，皮纸则南北各省都有，草纸则做包装、火纸、厕所及生活用品。安徽泾县的宣纸，用当地特有的青檀树皮及沙田稻草制成，在书画方面的晕染质量极高，古今其他纸张都无法做到，到现在仍是一枝独秀。其他的加工纸也有一些新品种，如磁青纸、羊脑笺、明仁殿纸、梅花玉版笺、描金云龙笺、五色蜡笺、砑花纸等都非常有名，现在仍可看到仿制品，但用量及用途却已减少。

自 1798 年以来发明了机器造纸，1884 年引进中国，传统的手工造纸受到冲击，产量逐年减少，即使是新兴机器造纸，也抵不过国外纸张的倾销，纷纷用机器来生产传统式的纸，如仿制连史纸、海月纸、毛边纸、玉扣纸等，这样一来，传统手工纸只有生产廉价的低级包装纸及卫生纸等，销路变得越来越窄。

1949 年以后，最初三年内手工纸增产较容易，其年产量比机器纸还多，约占总产量的 50% 左右。其后，调整生产方式，将纸钱等仪式用纸改为文化和生活用纸，以弥补机制纸的不足，并生产一部分土法竹浆供机制纸用，且大力发展有名的宣纸及薄型皮纸等。1956 年以后每年的手工纸都维持在年产 20 万吨上下，但因机器纸发展更快，产量更多，相比之下，手工纸只占到全国纸总值的 2% 左右。但是一部分手工纸厂改为采用手工纸原料，用木制造纸机抄纸，原有的名贵传统手工纸品质与数量也由此提高，如定量滤纸、擦镜纸、水彩画纸、木炭画纸等，特别是浙江的薄型皮纸，开始用自己创造的造纸机来造纸，实现了韧皮长纤维手工抄纸的机械化，取得了很高的成就。

2. 中国古代记事媒介的种类

中国发明纸以前的记事媒介有甲骨、石碑、竹简、丝绸、麻纸等。

（1）甲骨

在公元前 1400 年，人们使用甲骨来记事，甲骨（图 2－3）——甲是乌龟壳，骨主要是牛羊的肩胛骨。我们知道我国最早的文字是甲骨文，主要是记载一些占卜的事情。一直以来，宗教的传播不断地促进记事媒介的发展。

图 2－3　甲骨①

（2）石碑

后来祖先们开始在石头上记事，后来发展成石碑，至今还存留着很多这样的石碑，记载着历史上各个时期的痕迹，让后人学习研究。石碑可以留存相对长的时间，虽然自然环境对石碑的风化使文字逐渐模糊，更有人为的破坏，而现今对古石碑文字上的拓印也是对文物的一种损坏，这些因素加速了石碑文字的消亡，有很多古代石碑上的内容至今难以辨认。

（3）竹简

在公元前 1300 年，人们学会在竹、木上面加工并记事，就是我们所知道的竹简（亦称简牍，"简"指的是竹，"牍"指的是木片），在很多出土的古墓中，都埋藏着大量的竹简，可见竹简是当时非常重要的东西。但竹简过于沉重，个人携带竹简非常不便，大量的竹简运输需要消耗诸多的人力，而且竹简也不能记录太多的文字。

（4）丝绸

中国是丝绸大国，也是闻名的丝绸之路的起点，我国是世界上最早发现使用蚕丝作为书写媒介的国家。希腊的文献中将中国人称为"赛里斯"（Seres），"Seres"就是与丝绸有关的词，称中国为"赛里斯国"，因为当时中国出口了很多的丝绸到国外。之后出现的"China"，也是因为陶瓷的出口。

在商朝（公元前 2100—公元前 1066），人们已经能够种桑养蚕，在制作丝绢

---

① 渡边国夫. 纸的研究［M］. 日本：岩崎书店，2004：9.

丝绵的过程中，人们总结了漂絮法，这一技术后来发展成为造纸中的打浆技术。在战国（公元前475—公元前221）、秦汉（公元前221—公元220）时期，人们用上好质量的蚕丝编织细绢，用剩下来的次茧和病茧制作丝绵，做冬衣或被子用。漂絮法①（图2－4）就是先把蚕茧用水煮烂，然后轻轻剥开蚕茧，洗涤干净以后，再放到浸没在水中的篾筐（席）上，用棒反复捶打，直至茧子散开，将连成片的丝绵取出。在此，因每次漂絮以后，篾席上面会残留碎絮，而重复漂絮越多，就积得越密，等把篾筐晾干后，就会在篾筐表面呈现一层薄薄的絮片，这种絮片剥下来以后跟缣帛很相近，人们称它为赫蹏（缣帛和絮纸的原料，虽然都是蚕茧，但缣帛取其丝，絮纸取其絮，丝和絮是两种东西，

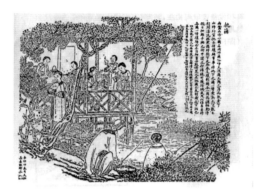

图2－4　古代漂絮图②

织和制也是不同的方法，因而缣帛和絮纸不能混为一谈）③。在《汉书·赵皇后传》中有记载关于赫蹏的用法，曾经有人用赫蹏来包药材，还在上面写文字。后来人们把赫蹏称为小薄纸。《汉书·外戚传》记载，赫蹏就是絮纸，称幡纸（这是"纸"字的来源，但幡纸是由蚕丝做成的）。絮纸可以写字，它是丝絮纤维，而不是像后来人们使用植物纤维所造的纸那样经过打浆、抄造等工序造成，如果絮纸再浸泡在水中，就会很容易分散，从定义上来说，絮纸不是一种真正意义上的纸④。在制作蚕丝的过程中形成絮纸，人们从中得到了用旧麻料代替丝絮的方法。

（5）麻纸

麻纸是汉代纸名，是我国最早制造的植物纤维纸，即古人用麻纤维为材料制造的纸的统称。据考古发现，20世纪30年代以来，先后在我国西北部地区发掘出土了多种汉代麻纸，初期麻纸呈现偏黄色，后来人们学会晒白技术以后慢慢出现了白色的麻纸，但麻纸还不能够满足用作书写的条件，多数作为附垫物或者一些包装之用；而对于麻纸是否是纸，学术界对此也有争议，这里暂不做讨论。我

---

① 许焕杰. 纸祖千秋［M］. 长沙：岳麓书社，2005：20－21.
② 刘仁庆. 造纸趣话妙读［M］. 北京：中国轻工业出版社，2008：11.
③ 许焕杰. 纸祖千秋［M］. 长沙：岳麓书社，2005：39.
④ 刘仁庆. 造纸趣话妙读［M］. 北京：中国轻工业出版社，2008：51.

们简单介绍以下几种麻纸。

放马滩纸①（图 2 - 5）（公元前 180—公元前 141），西汉时期产物。1986 年，在甘肃省的天水放马滩汉代墓葬区出土了放马滩纸，此纸出土时位于墓葬者的胸前，尺寸是 5.6cm×2.6cm，颜色偏黄，且厚薄不均匀，它最厚的地方是最薄的地方的 3 ～ 4 倍，从图 2 - 5 中可以看到只有类似于地图的线条，但没有文字说明（秦朝六块木质地图标有文字）。

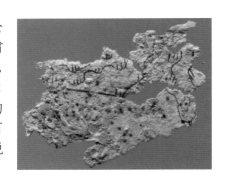

图 2 - 5　放马滩纸

灞桥纸②（图 2 - 6）（公元前 140—公元前 87），西汉武帝时期产物。1957 年，在西安市东郊的灞桥的土室墓葬中，发现青铜镜垫衬着一些麻片，共有 80 多片，最大的一片长宽各 10cm 左右，颜色偏暗黄，经中国纸浆造纸研究院研究报告确认，没有经过打浆处理（打浆处理是蔡伦发明造纸的过程之一）。因此，灞桥纸不是真正意义上的纸。潘吉星先生认为，灞桥纸是经过春捣，但不及后世的那样精细的春捣加工，它是世界上最早的植物纤维纸③。

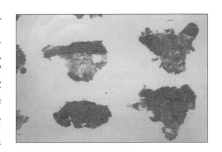

图 2 - 6　灞桥纸

悬泉纸，西汉中后期产物。在甘肃省敦煌甜水井汉县泉邮驿遗址出土，其颜色浅黄，质地好，稍厚。甘肃省博物馆研究部副主任李天铭介绍，悬泉纸是 1992 年在敦煌悬泉置遗址发现的。该遗址共出土纸张 470 余件，其中写有文字的纸残片 10 件，多为白色和黄色，时代从西汉武、昭帝始，经宣、元、成帝至东汉初及晋④。

金关纸（公元前 53—公元前 49），西汉宣帝时期产物。1977 年，在宁夏局延县金关一处西汉时期烽火台遗址中，发掘出两片麻纸，即金关纸。1978 年，在陕西省扶风县，发掘出一瓦罐，发现内有三片麻纸，即扶风（中颜）纸。经过研究人员的分析，金关纸和扶风纸都是由大麻制作而成的，在电子显微镜下观察，能看到纤维有 30%～40% 帚化现象（帚化意为经过打浆处理）。其厚薄不均匀，最厚的地方是最薄的地方的 3 倍，可以确定是没有经过捞纸的程序而造成

①　佟春燕. 典藏文明：古代造纸印刷术［M］. 北京：文物出版社，2007：20 - 21.

②　http://baike. so. com/doc/10026759 - 10374735. html.

③　潘吉星. 中国造纸技术史稿［M］. 北京：文物出版社，1979：165.

④　http://khnews. zjol. com. cn/khnews/system/2010/12/08/013000066. shtml.

的，而且这两种麻纸都不能用于书写。当时麻纸只是作为附垫物或者一些包装之用。由此可见，灞桥纸和金关纸之前，人们已经开始对纸进行改造，在原材料不变的情况下，对纸的制作开始有了新的要求，这是推动纸发展的一个动力。金关纸是经过"锤击"而成的，跟后来蔡伦造纸时候的"舂捣"有相似之处。由于麻在中国多个地方都能生产，原材料比较容易找到，可以广泛使用。

马圈湾纸（公元前65—公元前61），西汉时期产物。1979年在甘肃省敦煌市烽燧遗址中发掘出来的。出土的麻纸数量多，保存得比较好，最大的一片长32cm、宽20 cm，马圈湾纸的纸质有粗糙、细匀之分，纸色有黄、白之分。早期的纸呈黄色，粗糙，麻纤维分布不均匀。中期纸，呈白色，质地较细匀。晚期纸，呈白色，质地细匀，已具备麻纤维纸的一切基本要求和功能。各时期的植物纤维纸在一地出土是很少见的[①]。

罗布淖尔纸（公元前49），西汉时期产物。罗布淖尔纸（图2-7）在新疆的罗布淖尔汉烽燧遗址出土，尺寸是10cm×4cm，呈白色，质地粗，纤维束及未打散的麻筋较多，1937年原物毁于第二次世界大战中。

图2-7　罗布淖尔纸

1973年在甘肃省威武县寒潭堡出土的麻纸，考证得知是东汉桓帝时期的产物（147—167），上面写有文字（图2-8）[②]，经过研究，纤维是大麻和苎麻，纤维长4～5mm，纤维分布平均，通过用电子显微镜观察，发现其经过帚化，而且程度非常完全，纤维组织紧密，纸质强韧，可证明其已经过良好的打浆处理。1901年在新疆出土的东汉麻纸已是可以在两面书写的薄麻纸，其加工的方式有所改变，纤维也比西汉的麻纸纤维细致。据潘吉星先生的研究，东汉麻纸具有一定的柔软度，其纤维有一定程度的分散。该纸有腐蚀的痕迹，有经过碱液蒸煮工序，它是用渔网为原料造成的，比破布、绳头更难处理。

图2-8　寒潭堡纸

从以上对麻纸的论述中，可知麻纸所用的材料主要是麻，前者没有经过完整的打浆工序，做出来的制品不均匀，难以书写，不能称得上是纸，后者是通过完整的打浆工序制成的，为相对接近纸的产物。从这些蛛丝马迹中，可知造纸术的发明有一定的前提条件支持，为蔡伦造纸提供了重要的启示。

① 潘吉星. 中国造纸技术史稿［M］. 北京：文物出版社，1979：26.
② 潘吉星. 中国造纸技术史稿［M］. 北京：文物出版社，1979：43.

3. 国外古代记事媒介及其起源

在两河流域，即美索不达米亚（幼发拉底河和底格里斯河），人们也不断尝试发掘记事的媒介，由于古代的宗教、巫术等的发展，人们亟需传播媒介来支撑信念，加速了记事媒介的发展，以下是对国外古代记事媒介的论述。

（1）黏土板

美索不达米亚在公元前 3000 年使用黏土板①（图 2-9）作为记事的媒介，图中可以清楚看到他们记载内容的方式，板上每一小格的大小相同，并在板上雕刻他们的文化历史。这种记事方式略显不便，黏土板的厚重和储存不方便，会使板上铭文损坏，以致人们不断地寻找新的媒介。

图 2-9　黏土板

（2）莎草纸

在公元前 2400 年埃及人已经使用纸莎草作为记事媒介。尼罗河养育着埃及人，当时人们已经开始信奉宗教，由于恶疾突然爆发并且蔓延，人们需要宗教来安抚心灵，而宗教的传播需要媒介，人们探求可以写符咒和拜祭用的材料，而生长在尼罗河湿地上的纸莎草（另有文献称为萱毛草②）经过加工后可以供书写用。

人们把找来的纸莎草加工成莎草纸③（papyrus）（图 2-10），这个古埃及拉

图 2-10　莎草纸

---

① ③ 　渡边国夫. 纸的研究 ［M］. 日本：岩崎书店，2004：9.
② 　许焕杰. 纸祖千秋 ［M］. 长沙：岳麓书社，2005：30.

丁文的名字，后来变成欧洲一些国家的"纸"字（例如，英文是 paper，法文是 papier，德文是 papier，西班牙文是 papel，瑞典文是 papper 等）的来源。但是用纸莎草做成的莎草纸，干燥后不宜折叠，只可以粘贴成几米或十几米的长卷。莎草纸不容易书写，人们把它卷在小木棍上，变成一卷文书，也是西方称书为卷（英文 volume）的由来。

莎草纸古代的制造方法是：先把贴近莎草（图 2 – 11）根部的芯髓取出，将其压成薄片后排列开来，再往上面交叉铺一层，然后浸水敲击，薄片在敲击过程中会流出糖质黏液把莎草粘在一起，最后是让其干燥，用动物獠牙把其表面磨平。

图 2 – 11 莎草

莎草纸从外形上来看，也较薄，可以用来写字和绘画，其用途基本与后来的纸无太大的区别，纸莎草英语为"papyrus"，英语的纸"paper"，就是来源于这个埃及的"纸"的发音，为什么没有把这种纸作为最早发明的纸，是因为这种以前的纸的制作方法与我们所说的纸的制造方法不相同。其制作方法是将一种芦苇的茎剥下来，浸入水中变得柔软后，再将这些茎横竖交错叠在一起，用重物将其压平，干燥后就是纸张。这与我国发明的造纸术有着很明显的区别。这种区别主要是水的运用方式不同。中国是将纸浆放入水中，用网状的抄纸框将其抄出，而埃及只是用水浸泡原料。

这里简单介绍一下莎草纸的制作方法如图 2 – 12 所示。

首先把莎草根部表皮用刀削除，就可以得到莎草的芯髓。

再把芯髓的部分取出之后，就用刀把它一层一层薄薄地削下来，得到片状的莎草。

削下来以后，就用胶辊工具把草芯慢慢地碾平。

用水来进行操作，将擀扁的草心横竖排在一起，再用布盖上。

（a）

（b）

（c） （d）

图 2 - 12 莎草纸的现代制作方法

（3）毛皮纸

毛皮纸，顾名思义就是以动物的毛皮为材料的纸张，在古代波斯、犹太、希腊等是作为书写材料的纸张，其中欧洲和西亚是以小牛和小羊的皮作为纸张。公元前 2 世纪，羊皮纸是将羊皮的脂肪去掉，然后清理表面，再用石灰处理后用石头打磨而做成的，如中世纪经常可以看见羊皮纸所做的书，以及用坦培拉画法所做的装饰画。这是画布出现以前最重要的绘画材料，据说是因为当时埃及的莎草纸被禁止进口所采取的一种替代物。

在幼发拉底河和底格里斯河——两河平原的古巴比伦人（今伊拉克人），他们就地取材使用黏性泥土制砖，再在砖面上刻写文字。显而易见，这样以泥砖作为记事材料，不仅容量太小，收藏亦有困难，难以被广泛使用和流行。在公元前 200 年，小亚细亚之阿拉伯人开始使用小羊皮晒干磨光后供书写之用，称为 Parchment。

在公元前 2 世纪，埃及已经使用莎草纸记事，并用于出口，其中小亚细亚柏加孟国（Pergamum）的王子帕加马斯与埃及亚历山大城的托勒密王朝不和，埃及禁止对该国出口莎草纸。小亚细亚柏加孟国出此对策，下令用山羊、绵羊或仔羊的皮鞣制成革，做成羊皮纸[1]（图 2 - 13）。而羊皮纸的制作是在羊皮革擦上白粉，用鹅卵石磨光滑，便于书写。

这种昂贵的羊皮纸是不允许普通老百姓使用的，通常是寺院的僧侣们用于抄写经文。僧侣们在抄写经文前会先祷告，再使用铅棒画出方正整齐的格子于文字的上方，然后再进行书

图 2 - 13 羊皮纸

---

[1] 渡边国夫. 纸的研究 ［M］. 日本：岩崎书店，2004：9.

写。他们还有一个首字母大写的习惯，就是第一个字母字体比后面字体稍大，而且用有色水书写，后面文字才用黑色来写。

（4）蜡版和棕榈树叶

古罗马人所使用的记事媒介有以下两种。一种是蜡版，树蜡这种材料可以循环再用，制作方式是先将树蜡熔化，然后倒进一块挖有凹形的木板里，等到树蜡冷却凝固后，得到一块表面较为平滑的树蜡版，这样就可以用针尖形的铁制器在上面写字记事。一段时间后，又可以把树蜡剥开，再拿去熔化，重新制成蜡版，由于树蜡的数量不多，制蜡版受到限制。后来，古罗马人发现可以用棕榈树叶书写。首先，他们把叶子切成长度相对一致，用针尖形的铁器把树叶表皮划开，然后涂上染料或黑色水，这样就可以显现字迹，经书写后，他们把每一片树叶的两端穿上绳索，就如一本书似的。

（5）贝叶经

在古印度，人们使用贝多罗（梵文 pattra）树叶作为书写工具，这种树叶类似于棕榈树叶，呈扇状均匀分布，贝叶采来后先经水煮、晾干，然后把叶片两面磨光，并截成宽约 7～8cm，长约 60cm 的长方形。人们将圣人事迹及思想用前端较尖的笔记录在象征光明的贝多罗树叶上，而佛教徒也将经文刻写在这种树叶上，后来人们将刻写在贝多罗树叶上的经文称为"贝叶经"[1]（图 2-14）（pattra leaves scripture）。古代大乘经典的贝叶经，是把油和煤烟的混合物涂抹在字迹上，然后再用热沙拂拭，这样一来文字部分就被染黑。最后在贝叶上打个小孔，用绳装订成册。如此制作出来的贝叶经具有防潮、防腐及防虫的效果。

图 2-14　贝叶经

① 冯彤. 和纸的艺术［M］. 北京：中国社会科学出版社，2010：16.

（6）塔帕纸

塔帕纸（Tapa paper）（图 2－15）产生于南太平洋附近，这个地方有着广袤的桑树科树林，将其树皮剥下，尽量打平，使树皮伸展就可以做成所要的纸。早期在夏威夷等地比较盛行，但现在已经没有了，在美拉尼西亚和波利尼西亚等原住民的地方还保留着这种造纸方法。这种纸除了书写，主要用于描绘当地的图案，是一种绘画用的纸，作为衣料、垫布以及家具里面的装饰物。虽然它的主要用途是布，但因为能在上面绘画与书写，所以我们将其归纳为以前的纸。一般用细小的、纤维较长的楮树的树皮制作，将树皮的内

图 2－15　塔帕纸

皮放平用木棒击打，一片树皮可以击打放大并可以拉大十倍，也可以重叠在一起使用，做成塔帕纸。可以用天然颜料直接绘制，也可以像剪纸一样，剪出很复杂的图案。

（7）阿玛特纸

将树皮敲碎制成的阿玛特纸（Amate paper）（图 2－16），是美洲中部、印第安等当地森林中生长的一种叫阿玛特的阔叶树皮（因这种树皮中有很长的纤维）制成的。首先将树皮浸泡在水中，再去除最外层的树皮，将内皮和石灰一起蒸煮，然后将蒸煮好的树皮摊开，用木头或者石头击打。将树皮打软，然后再推平，经过日晒干燥之后就成了纸。与树皮纤维较长的纸相比，阿玛特纸比较厚，有一种特殊的肌理效果。主要用于巫术与记事等，以前的阿玛特纸没有光泽，颜色较单调，现在在墨西哥还有这样的纸，其色彩鲜艳，经常用于绘画或者观光礼品的包装。

图 2－16　阿玛特纸

澳大利亚的原住民使用更加原始的方法，直接在树皮上进行绘画和书写，既不将树皮浸泡，也不敲打，就是树皮原本的形状，犹如纸壳一般厚，在上面绘制的作品，具有很强烈的肌理效果。

这种以前的纸，具有一定的纸的功能，但在当时，并不叫作纸，它们还具有其他的作用，如作为布来使用等。因此，早期的纸，或者也可以说是布，或者就

是树皮，每个人都会根据自己的需求来使用，因此把它们定义为纸，并不是非常准确。而到后来蔡伦发明的纸张，是在总结前人的诸多经验的基础上，为了造纸而进行的制作，其目的已经非常明确了。

二、纸的发明及传播

1. 改良造纸

近年来，从发现的遗迹和文献来看，自古书写文字多用竹简，后来把文字写在缣帛上，这种用于书写的缣帛就叫作纸。综上所述，植物的纤维是最古老的抄纸材料来源，后又发现了用麻做的纸。一直以来，学术界都认为抄纸技术是中国发明的，其最有名的人就是《后汉书》上记载的蔡伦。

古代记事的媒介发展到了缣帛，已经不能满足当时对"纸"的需要。当时皇帝下达命令制作质量较好的纸进贡，而蔡伦为邓太后（邓绥）所用时，由于邓太后喜好文墨，并全力支持蔡伦的造纸研究，为其提供了一个很好的研究造纸的平台。蔡伦在前人的基础上，经过多年的研究，用树皮、废麻头、破布、渔网等制造成了纸（史称"今㫚"①）。在经过尝试用蔡伦所造的纸以后，元兴元年（105）上奏和帝，得到表彰，并向全国推行使用蔡侯纸（当时称蔡伦所造的纸为蔡侯纸），使蔡侯纸得到广泛的使用，振兴了造纸业。蔡侯纸的流通不但比竹简方便，而且比缣帛廉价。

2. 纸的发明

在西汉时期，人们已经掌握使用楮树皮来织布造衣的方法，而且知道如何沤楮，能够从楮类木本韧皮中提取纤维作为造布原料。潘吉星先生说，楮皮纤维既可织布，又可造纸。人们最初是用楮皮捻线织布，后来启发造纸，楮皮料经过沤制可以脱胶，再用碱液蒸煮分解出木素和其他杂质，能够得到较纯的纤维，再经过春捣、漂洗，纤维就会比较分散，配成浆液，就可以进行抄纸的工序。这被称为皮纸，即树皮所造之纸。这种材料比较普遍，能够广泛收集。而造纸技术在东汉时期人们已经具备，当时任职尚方令的蔡伦把皮纸和麻纸献给朝廷，并在尚方作坊继续监造这两种纸。朝廷需要纸这种媒介，蔡伦改良造纸术，造出质量较好的纸，以满足朝廷对纸质的要求。

另外，还有一种造纸术被启发的说法，说是古代的人们在自然中发现一些可

---

① 许焕杰. 纸祖千秋 [M]. 长沙：岳麓书社，2005：91.

以模仿的植物纤维分解方式。如山上有水冲下来或是河流涨水的时候，人们发现一些腐朽的植物经过自然的风化、浸泡，成为一些纤维状的物质，被水流冲下来而汇聚在河岸边，纤维之间相互缠绕，干透后成为一种薄薄的纤维片，揭起来就如纸一般。这种说法与蔡伦所发明的造纸术有着密不可分的联系，两者同是采用纤维原料，这对于蔡伦放弃动物纤维造纸有一定的启发，植物原料造纸比起蚕丝这类动物纤维原料成本便宜，适合老百姓使用，可以大量流通。

陈大川先生在《中国造纸术盛衰史》中指出，"蔡伦之发明有三：第一，发明用布做原料；第二，发明'捣挫'的打浆方法；第三，发明泼式的撩纸方式"，与上述历史发现颇为吻合，其中尤以第二点最重要。这样就可以更加肯定蔡伦的地位与成就。人们认为，他的发明创造给中国带来的辉煌影响是不可估量的。再者，造纸术的发明改写了世界记事媒介的命运。如今，中国造纸业虽然还没能在世界闻名，但是相信在不久的将来定能吐气扬眉，重拾古文明大国之风范。

蔡伦从古人利用旧的渔网、麻布等材料造纸，以及从废旧的纸张中抽取纤维这些原理中得到启发，发明了更加先进的造纸方法，从之前昂贵的绢的纸张材料，发现了低价的且可以大量取得的植物纤维用作纸张的制作材料。

中国造纸术通过丝绸之路传到欧洲，也传到日本。在各种各样的文化背景下，产生了不同的技术和方法。中国的纸以图书和印刷技术为中心发展，而对于书画这方面来说，被要求生产出高级的纸张（图2-17）。其中，人们对安徽省出产的宣纸有着很高的评价，并且中国艺术的发展是以宣纸为基础的，在此之后，书画用纸以装饰性效果而存在。

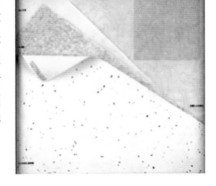

图2-17　中国纸

3. 纸的传播

造纸术的外传是经过很长的时间才传播到世界各个国家，造纸术传播之路是一条崎岖的道路。以下介绍的是造纸术外传的过程，传播时间的快慢跟每个国家历史事件与宗教影响有密不可分的关系。造纸术的外传路线分东西两条，751年，唐朝军队与阿拉伯交战落败，当中不少军人成为阿拉伯的战俘，战俘当中有抄纸工，就这样造纸术传播到西方。1150年，经过了300多年的时间，造纸术才传到欧洲。由于地理优势，造纸术东传从朝鲜半岛至日本比起西传早500年以上。

（1）往西传播

丝绸之路将中国的文化向西方传播。造纸术的西传，首先来到的是天山山脉脚下的撒马尔罕城（现乌兹别克斯坦），撒马尔罕城在 7 世纪时，是伊斯兰帝国中较为繁华的都市，是各国进入大唐的必经之路。中国造纸术于 751 年传入阿拉伯后，被伊斯兰国家封锁达四五百年，到 12 世纪初才将造纸术传给基督教国家。先后传入西班牙、法国、意大利、德国、英国、瑞士、荷兰等国家，17 世纪末传到美国和加拿大等国。

造纸术的西传（图 2 - 18①）是在唐朝天宝十年（751）开始，当时安西节度使高仙芝与大食国（阿拉伯）关系变得恶劣而发生战争，由于遭到内奸出卖，唐军终败于怛逻斯（Talas，地名，今哈萨克斯坦境内），这就是伊斯兰帝国向佛教的大唐发起的著名的怛逻斯战役。这次战役以大唐的失败告终，但它的一个直接后果是，推动了唐代中国高度发达的文明在西方世界的传播。这大概是战争发动者始料不及的。在这次战役中，唐士兵不下万人被俘，其中就有许多能工巧匠，如造纸匠、纺织匠、画匠，等等。其中很多造纸的工匠们被带到了撒马尔罕（Samarkand，地名，今乌兹别克斯坦境内）城，被强迫、威胁的工匠们在当地进行造纸，当地开始出现了很多造纸厂。

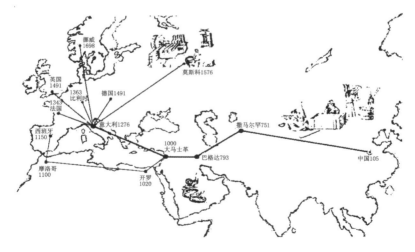

图 2 - 18　造纸术西传示意图

中国的纸工把造纸术传给阿拉伯人之后，该地所产的"撒马尔罕纸"曾雄踞一时。中国的工人和技术，为伊斯兰帝国做出了精美的纸张，得到了大食国的

① 刘仁庆. 造纸趣话妙读［M］. 北京：中国轻工业出版社，2008：47.

赞誉，于是中国的造纸术不断往西传播，到达了巴格达、大马士革、埃及，甚至更西边的摩洛哥。

10世纪，阿拉伯历史学家塔阿莱比在一本书中曾写道："（说到）撒马尔罕的特色，必须提及者为纸。因其美观、合用、价廉，从而取代了以前用来书写的莎草纸和羊皮纸。这种纸仅在撒马尔罕城里和中国才有（生产）。"① 由此可见，中国造纸术传到撒马尔罕，从而改写了莎草纸和羊皮纸的命运，"撒马尔罕纸"体现了中国造纸术为当时的世界发明提供了无形的推动力，它的发展传播速度很快，其优势体现在使用的过程中。

从751年一直到1789年造纸机发明前，在这1000多年的时间里，亚洲、欧洲的伊斯兰教和基督教各国所使用的造纸方法，就其基本工艺原理来说，一直沿用从中国传播过去的造纸术，无数事实说明欧洲造纸术的源头在中国。

于793年，造纸术传到伊拉克，1000年传到大马士革（Damascus，地名，今叙利亚首都），阿拉伯人把大马士革建为新都，召集足够的人员开办造纸工厂，他们向欧洲各地大量出口纸张，这种纸张就是欧洲人所称的大马士革纸。1020年，大马士革纸在埃及的开罗渐渐传开，1100年，阿拉伯人把造纸术带到摩洛哥，1150年传到摩洛哥北部边境对岸的西班牙，之后陆续地从欧洲传开。造纸术终于传到了欧洲，但这也是因为一场战争所产生的，这次是基督教与伊斯兰教的战争。

罗马帝国由基督教士兵组成的军队发现了东方文化。这些人大多都是名门或有钱人，他们将工匠们带回自己的国家和庄园，或者直接到当地的工厂去学习造纸技术。他们回到自己的国家，建造了自己的造纸厂，欧洲的造纸业由此兴旺起来。

（2）尼泊尔与印度的纸

尼泊尔的手抄纸，于1050年开始，那是一种从印度传过来的原始技法，这种技术现在也还在使用。它采用一种生长在喜马拉雅山的瑞香科植物的树皮，将这种原料放入水里，泡软煮过之后，再将其击碎放入水里，即可抄纸。这种纸的特点是有光泽，远古时期是将其用作书写和读物的纸张，这种纸的纤维既长又坚韧，非常耐用，不易生蛀虫，并且有十分强的弹性。

图2-19　尼泊尔与印度的纸

在印度，11世纪从中国传入了造纸术，16世纪穆戈尔时期达到了高峰。印度与尼泊尔不同，它的造

① 刘仁庆. 造纸趣话妙读 [M]. 北京：中国轻工业出版社，2008：38.

纸术受到西欧的影响，其造纸技术在不断地变化，使用丝质、黄麻、稻草、树皮等多种原料。印度的手工纸具有很强的亲和力，被各国的人所喜爱，这些纸在现代仍被用于正式场合中进行文字书写，现在仍是纸张中比较高级的纸种。如图2-19所示。

（3）意大利纸

中国发明的造纸术，通过不同的途径流传到西班牙和意大利等欧洲国家。意大利最早的造纸工厂出现在1276年，最早的"碓捞"技法是在蒙地法诺和法布里亚诺这两个地方出现的。法布里亚诺的手工抄纸，现在仍然作为最高级的绘画用纸，出口到世界各国。当时纸是一种非常珍贵的东西，只有贵族和富人才使用得起。17世纪开始，在发浦利亚一带，用于美术的纸张开始盛行，取代了以前的羊皮纸，使用了木棉与麻布等纤维材料。将麻布打碎，利用金属的抄纸框，加

图2-20 意大利纸

入动物的胶（防止渗墨）等西洋纸的技法开始形成。意大利是欧洲最早造纸的国家，图2-20为意大利纸，是发浦利亚抄的纸张，也是非常珍贵的文物。

（4）法国纸

法国的造纸术是由西班牙传入的，1189年法国建立了最早的纸厂。在14世纪之前，法国的造纸还处于低产量低水准阶段。于1348年在森纳斯州等地建立了很多造纸厂，此时法国的造纸产量大增。由于文学和艺术的兴盛，法国出现了高质量的手工纸。这些纸既优美又实用，特别是在书的装订历史中，各种各样的纸张被制造出来。尼克拉·路易·罗贝尔发明的抄纸机对机械造纸的发展做出了重大的贡献。图2-21为法国纸。

图2-21 法国纸

（5）美国手工纸

在美国的加利福尼亚州，有当地的手工造纸作坊，这些作坊是美国少有的有关手工纸的作坊，材料以木和棉为主，其他还有拉菲亚树、羊毛、骆驼毛、椰子的外包层纤维、猪毛等纤维供艺术家制作，主要用于版画、手工绘本以及艺术作

品中，如图 2 - 22 所示。

（6）往东传播

在 105 年东汉时期，人们学会制造和使用麻
制纸片，经蔡伦发明造纸术后，能够造出质量
较好的纸张，便开始了造纸术的东传，于 384 年
传至朝鲜，610 年传到日本，比起西传早 500 年
以上。

在造纸术传到日本之前，日本已经拥有了
舶来品——纸质书籍，《古事记》中介绍应神天

图 2 - 22　美国手工纸

皇十六年（285），从百济来的王仁带来 10 卷《论语》和一卷《千字文》。据王
仁本人的介绍得知，王仁的祖先是汉高祖刘邦的后裔，他本人精通五经。潘吉星
教授认为就是此人把造纸术传到日本。

285 年，百济（英文音译：baekje，公元前 18—公元 660）又称南扶余，是
古代扶余人南下在朝鲜半岛西南部原马韩地区建立起来的国家，有将《千字文
（천자문）》等书籍送往日本这一记录。可以看出在公元二三世纪之前，造纸术
已经传到了朝鲜半岛。据梁高僧慧皎所撰《高僧传》所述，之后于 610 年，由高
句（gōu）丽（我国东北地区和朝鲜半岛存在的一个民族政权）的一位僧人昙征
（579—631），将造纸术带到了日本。

在奈良时代，日本就开始大批量地造纸。日本纸称为和纸，它分为白纸和加
工纸两大类，相当于中国的生宣纸和熟宣纸。日本和纸主要用楮树、雁皮、三桠
这三种树木来制作，当中的楮树，我国也称为谷树，学名构树。楮树原产于东欧
国家，在我国亦有生长，分布于辽宁南部经华北至西北、西南、华中、华东至华
南，直到南亚、东南亚，朝鲜半岛和日本也有分布，它生长在海拔 200 ～ 2800m
的地区，一般是山坡阔叶林，生长在山坡、山谷及石灰岩山坡、平原、丘陵、河
边、村边等。

在日本江户时代的文献中，还记载着更早的"徐福纸"。徐福就是传说中秦
始皇为了寻找长生不老药，而被要求携五百童男童女赴日的这位草药师，与徐福
同行的人当中，有各种专长的技术人员，将中国的诸多文化传至日本。

徐福要比蔡伦早了二百年，可以证明在蔡伦之前就已经有了造纸的雏形。而
从徐福到昙征的这八百年间，在日本的文献中，没有任何有关纸的记载，是个空
白，但两国之间的交流一直没有间断过，可以推测出，中国的造纸术自雏形阶段
开始，就一直不断地在向其他国家传播。

三、日本和韩国的纸浆材料

1. 日本的纸

日本对纸质量及技术方面的研究都处于世界前列，日本深受中国的影响，佛教也是通过中国传到日本的。与中国一样，纸在日本的古代来说是非常贵重的物品。只有天皇发诏书以及贵族和僧侣写经时才能使用纸，这样的奢侈品与一般的百姓是无缘的。但并非是除了天皇、贵族、僧侣就没有可以记录文字的载体，人们最早记录文字的载体用木片和竹片，将之称为牍和简。对于日本来说，文字也是通过中国传入的。在纸发明以前，中国人也在甲骨、青铜等上面刻文字，中国的造纸术在汉朝末期传入朝鲜。1966 年 10 月在庆州的佛国寺释迦塔发现了木版印刷品《无垢净光大陀罗尼经》，此经卷为卷轴装，楮纸印刷，纸长 6.65 ～ 6.7cm，上下单边，板框直高为 5.4cm，每行有 7 ～ 9 字，经文由 12 张纸粘连成一卷，总长 620cm。这件作品可以见证中国造纸术的东传，中国的造纸术也在 7 世纪时传到了一海之隔的日本。

日本人对造纸术产生了很大的兴趣，据日本图书记载，610 年精通五经的僧人昙征作为高丽王的使者被派遣到日本。昙征精通纸墨笔砚的制作技术，现在的专家普遍认为是他将造纸技术带入日本的。在此之前《论语》《千字文》等儒家的书籍也已经流传到日本，中国的造纸技法也零星地进入日本。这也只是猜测，没有具体的文字记载，但是可以推测已经有很多人将纸带到日本并进行相关技术的研究，昙征的到来无疑使日本的造纸术得到了很大的发展。日本一直以来极其关注中国的文化，尤其重视佛教文化，在日本各地出现的佛像以及建筑可以见证这一点。

圣德太子（574—622）推行理想文化政治，他不仅自己写经，也在百姓中普及圣经文化。早期虽然使用的是中国纸，但他也强烈要求日本自己能够自主地生产纸。于是开始了抄纸材料的寻找，据记录圣德太子生平事迹的《圣王本记》记载，昙征所带来的写经纸，虽然方便使用，但容易生蛀虫和破损。于是圣德太子开始寻找野生的强度较高的楮树作为纸浆材料，并命令全国栽培楮树，普及造纸术。由于圣德太子对于造纸的坚持，使得日本纸浆的原料以及技法得到不断的发展与改良，为了防止蛀虫对这些贵重纸张的破坏，又从草药中提取染料，出现了染色纸。现在所见到的黄纸和蓝纸便是染色纸。

飞鸟时代（600—710）的日本由部落的分散领导转向中央集权，为了国家进一步发展，在飞鸟时代大量引进了朝鲜和中国的文化，并积极地模仿这些文化。当时日本手工抄纸主要以中国的技法为主，经过不断地改良，在奈良时代（710—794）末期发明了日本独特的流动抄纸法。在平安时代（794—1192）将中国唐朝的政治体制作为日本建国的主要体制。由中央向各地传达官府的旨意，这时运用纸书写的诏书和官府的文书对纸的普及起到了很大的影响。由于纸张的需求量增大，除了和纸的工坊，也新增了许多官府经营的造纸工厂。当时较为出名的产地有近江、美作、越前、出云、播磨、美浓等地。当时造纸的材料有楮树、麻、雁皮这三种，只用这三种原料或者与其他原料混合地进行手工抄纸。

流动抄纸法的原料是桑科和瑞香科的植物，前者用的是楮树乔木，后者是三桠和雁皮。但是楮树和三桠可以人工栽培，而雁皮只能用野生的。并不是整块树皮都可以使用，要将外皮剥去，用它韧性度较好的白色内皮。

日本平安时代（794—1192），大化年间646年，当时的官府进行了各种制度的改革。其中重要的改革是建立户籍制度，每户需要一本户口本。在天智天皇（626—672）670年，这一年的年号是庚午年，被称为庚午年籍的户口本，是当时的一个代表。当时日本人有650万，可以推断出日本对纸有了庞大的需求量，每个人需要三本户籍。一本是给各地官府，一本是给中央，最后是自己持有。各地为了供应这些纸张，成立了造纸工坊。

天平顺保（756年）5月2日，曾经建立了奈良辉煌文化的圣武天皇去世了，光明皇后为了祭奠夫君，在其去世后的第49天，决定将其遗物捐赠给东大寺。记录这些遗物的目录本《东大寺献物账》是长25.9cm、宽24.7cm的长卷，用白色的麻纸相连接，用端正的唐代字体书写。

正仓院现藏有66卷户籍本、税本、会计本，尤其是日本大宝702年的美浓、筑前、丰前这三个地方的户籍。我们以筑前地区的户籍为例，这些户籍本上有户主、年龄、关系、缴税额等详细记载。以500米范围内居住的居民为一卷户籍记载，以这个来计算的话，在8世纪的大和时期就需要使用大量的纸张。但是这些纸也不能完全断定全部是日本本国生产的，因为正仓院还收藏着4900卷的经书。其中天平年间730年，御原经742卷等日本的经书还混有隋朝经书22卷，唐朝经书221卷。

当时的纸浆材料以麻纸材料为主，这种麻纸是从中国传入的。在日本开始出现了楮纸和雁皮纸，在大城市里面，官府经营的造纸坊，一般都隶属于图书出版机构，他们所造的纸和各地工坊造的纸，全部都上交给中央官府，由官府统一分配给各地人民使用。但是天皇家族使用的纸张都是由当时的唐朝输入，称为唐纸。

奈良时期的用纸量大大增加，是因为当时的日本知识阶层大量地从中国学习各种知识，掀起了一股抄写经书的浪潮。各地官府开设了大量抄经所，抄写经书、校正、题跋、染色、贴纸等各个工序雇佣许多人来做，写经的工作由各部门分工完成。

　　经书写在白色的纸上，用笔和墨来完成。为了长久保存，就要用防虫的黄檗来染纸，除了使用墨外，还出现了紫色纸上的金字和蓝色纸上的银字。日本有世界上最为古老的经书《百万塔陀罗尼》，还有"唱万遍南无阿弥陀佛"的《无垢净光大陀罗尼经》，将此经书印成宣传单一样放入一百万个小塔中，由当时留学唐朝的僧人玄昉和吉栏真备于天平735年7月带入日本。用作驱除恶魔、祈求长寿，这些小塔立即纳入了当时称德天皇（718—770）的政要计划中。于770年完成，在高5cm、长45cm、宽15cm的纸上用木版印制了一百张，分别捐赠给一些著名的大寺庙。

　　据《读日本纪》记载，"有三层小塔，一百万个，各高4寸①5分②，基盘尺寸直径3寸5分"，写的就是这件事。这时候的抄纸技术，中国是堆积抄纸法，而日本是流动抄纸法。日本的纸要显得平稳一些，奈良时代主要是模仿唐代的文化，而在迁都京都的平安时代，日本本国的风格开始显现出来。中国传入的汉字渐渐被平假名所替代，当时的《源氏物语》《枕草子》《紫式部日记》等大型文学作品相继诞生。贵族社会的特色通过文学作品将宫廷生活描写出来，奈良时代的纸主要用作抄写经书，而平安时代出现了更多的文学作品。因此平安时代的造纸工坊大幅增加，不光是造纸工坊在造纸，很多农家也将之作为副业。《延喜式》记载，有很多地方的人一天可以做40张左右的纸，官府记载录里面也记载了每天从各地收上来的麻张和雁皮纸一百张，当时最大的造纸产地也是美浓。

　　嵯峨天皇大同年间（806—810）官府经营的造纸工房在京都郊外，主要供应官府和寺院，当时已经生产了打云、流墨、罗文等。为了防虫，会将纸染上黄色、蓝色、紫色等，出现了金粉和银粉的纸。有些纸上还贴上了金箔和银箔等装饰，这些在8世纪的奈良时代已经出现。到了平安时代，经书变得越来越华丽，嵯峨天皇祭拜恒武天皇的经书《紫纸金字玉轴》已经制作得非常绚丽多彩，很多料纸已经采用各种颜色进行渲染，并在贴上金箔后进行绘画。

　　从10世纪藤原时代开始，很多贵族开始信奉净土思想，大家都将法华经作为自己生活的准则，这使得经卷的装饰越来越丰富。料纸的设计成为当时流行的纸品，最具代表性的是献给平严岛神社的《平家纳经》。奈良时代还有一个代表作是用纸做的扇子，这是一种折扇，到了平安时代这种扇子得到了进一步的发展，并大量出口中国。这种扇子的图案将经文和风俗画结合在一起，叫扇面法华经。著名的《妙法莲华经》《无量寿经》《观音贤经》在四天王寺还

———————————

① 1寸=3.3333cm。

② 1分=3.3333mm。

可以看到，有些扇子还写上了歌词，人们可以诵吟。以扇子为道具的游戏在贵族间流行。

《源氏物语》的主人公觉得这些手工纸已经超过了中国的唐纸，命令工人们大量地制作这样的纸张。这个时期的造纸遍及日本各地，造纸技术得到更进一步的发展，尤其是福岛县以北生产的纸张，在材料上进一步改良，形成了日本早期既结实又漂亮的纸张。受到很多人喜爱的福岛工坊，该造纸工坊的具体位置现已无法确认，但流传下来的纸张种类较多：有厚些的，也有薄些的，比今天的纸更加厚实些，表面有凹凸肌理，经过时代的变化，有些发黄。在当时来看，这些纸张既耐用又清白，受到文化人很高的评价。为什么北方的这种纸能够在中央地区得到赞赏，是因为以藤原家族为中心的权力斗争以及白河上皇为首的院政的中央权力开始衰落。

奈良时代以来，由于大量生产和消费的需要，纸的需求量快速增加，为了减轻造纸原料供不应求的压力，在这个时期发明了回收再利用的生产技术。这种回收再利用的纸不是纯白色，纸上有很多墨点。而且这种墨点是很难清洗的，用水无法去除。这种纸因为纸张上的墨点和形状而被称为薄墨纸和水云纸。其他如纪贯之于935年著的《土佐日记》为代表的日记类和书信类等，也促进了对于纸的进一步需求。这些早期的日记和书信的作者为了体现自己有较高的学识，一般使用汉字来书写。汉文所用的字体有万叶体和宣命体等，将汉文进行了一些改变之后，渐渐转化为现在所用的假名。这些假名主要在女性间流行，最具代表的是以假名书写的情书，这些情书用两张薄薄的雁皮纸重叠在一起，纸张上下颜色不一样。现在还保留着一位男性写的情书，收藏在京都随心院（954—1046）的一尊干漆佛像中。

2. 日本传统手工纸的种类

日本的手工纸统称"和纸"，纤维均匀、细腻，具有很强的韧劲，是因为在抄纸的过程中，使用了独特的抄纸技术，加入一种取自于植物的纸浆分散剂。这种分散剂将纸浆纤维均匀地分散在水中，可以抄出非常均匀的纸张来。

日本最著名的"和纸"就是楮树纸、三桠纸、雁皮纸。

中国的手抄纸技术于7世纪传入日本，据说在中国和日本文化交流之前，日本的抄纸与日本人的生活有紧密的联系，并有独特的改进和制作方法，产生了日本独特的和纸文化。在和纸中，产量最多、最为大家熟知的纸是楮纸。楮纸属于日本原产植物桑树科，据说从圣德太子时期开始奖励栽培。使用楮树树皮里面白色的韧皮来造纸，大约有1cm长，缠绕在一起，抄出柔软并且有强度韧性的纸。现在我们使用的西洋纸的纤维只有1～3mm，可见楮树纸的坚韧度。

和纸不易破损,因为长纤维能够坚固地缠绕起来。和纸的原料代表有三种,即楮树、三桠树、雁皮树。

（1）楮树纸

最容易栽培的是楮树,在以前日本从北到南有许多地方大量地出产这种原料。日本国内主要的产地有茨城县、岛根县、高知县等,现在大部分原料依赖东南亚进口。如图2-23为楮树,图2-24为楮树纸。其应用广阔,可惜的是现在这种手抄和纸在生活运用上,并没有给人更好的体验。但是作为各种引人注目的表现材料,手抄和纸在运用上必然有新的发展。

图2-23 楮树

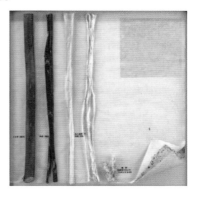

图2-24 日本的手工纸——楮树纸

（2）三桠纸

三桠纸（图2-25）的原料在生长过程中树枝朝向三个不同的方向,在春天盛开着美丽的红色花朵,与楮纸一样,三桠纸是日本纸的代表之一,这种三桠纸的制作方法还是比较新的,是从江户时代开始的。和雁皮纸一样,三桠纸的原料属于瑞香科树种。但雁皮很难进行人工栽培,三桠是可以人工栽培的。它的纤维有一定的光泽,比雁皮纸要暗淡一些,三桠树的纤维可以制作出质感很细腻的纸。运用在印刷上的效果是非常好的,以质量高而被世人赞扬,并作为日本纸币印刷的纸种,这种纸可以用机器制作,进行批量生产。

图2-25 三桠纸

（3）雁皮纸

平滑、细腻、美丽的特征是属于雁皮纸的（图2－26）。雁皮属瑞香科，难以人工栽培，一般都使用天然野生的。这样就使得雁皮纸的价格比较昂贵，它的纤维只有5cm，具有非常好的半透明效果。这种纸可以产生许多工艺和装饰的美感，它的特点是树皮有强烈的香味，可以防止虫蛀，对于保存要求较高的纸，使用量较大，现在已经很少使用了。

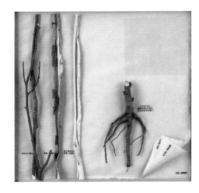

图2－26　雁皮纸

图2－27　韩国的纸

3．韩国的纸

新罗（英文音译为Silla，公元前57—935）时代，发现了最古老的纸，高丽时代造纸技术开始发展成熟。没有活字印刷，但有很优质的纸产生。韩国的纸（图2－27）被称为韩纸，在日本很受欢迎，在现代很多用于美术表现。现在韩纸以楮、桑、雁皮作为主要原料，经常与竹子、麻、稻草等纤维混合使用。与主要使用楮木的纸相比有很大的不同，它的纤维具有多样、粗糙的效果。针对这个特点，韩国将这种纸用于住宅保温（炕纸），这种炕纸能够保暖，将它贴于墙上以及地板上，再上一层油，使它变得结实。贴了这种纸的房子具有冬暖夏凉的效果。

四、从手工纸到机械纸

从记事媒介发展的历史角度来分析纸浆的发源和制造方式，可知其发展路线是崎岖的，对外传播并不容易。通过古人不断实践，造就了中国四大发明之一的造纸术，造福人类，这是值得我们骄傲的地方。古代中国的造纸业昌盛繁荣，体系发展完整，通过一些契机而把造纸术传至国外，毕竟国外的自然环境有别于中国，而且我国在传播造纸术时隐瞒了纸药的使用，促使外国人走机器造纸的道路。国外在处理废旧纸张方面的经验，是值得我们学习的，所以现今的人们应该发扬这种资源再利用的精神。现今国外的机械造纸技术是先进的，手工造纸工坊也得到很好的传承。我国是造纸术的发明国，更应担当起制造出世界优质纸张的重任，而我们也应当熟知造纸术的历史文化，继续发扬创新精神。

1. 造纸机与机械纸的诞生

中国的造纸术经过千年时间传播到欧洲，中国造纸的配料、方法和秘方（纸药）都是根据本土的情况来研究制造的，而且非常适合普罗大众使用，造纸业也随着造纸术的发明而兴旺。相反，在遥远的欧洲各国的地理环境和造纸人员都有所不同，却全套照搬中国发明的造纸术，但因不了解纸药的秘方，造出来的纸的质和量都难以达到人们的需求，为何造纸机没有在中国发明而在欧洲诞生？当造纸术传到欧洲的时候，当地的技术和机械发明也处于发展阶段，人们试图将造纸术机械化，从而促进了造纸机的发明。

在6世纪前后，欧洲各国正处于中世纪的黑暗时期，基督教的势力控制一切。广大民众识字者少，对文化、纸张的需求不感迫切，但宗教的势力传播需要一种新的媒介。王公贵族进口一些埃及莎草纸就够用了。所以，在他们眼里英文、法文或德文的"纸"字，都是从莎草纸（papyrus）这个古老的拉丁文演变而来的。宗教的主教僧侣可从国外买来羊皮纸使用，抄写一部《圣经》，大约需要使用羊皮300张，数量惊人且价格不菲，宗教势力渴望拥有新的媒介来取代昂贵的羊皮纸和不易书写的莎草纸来传教。

10世纪，中国木刻佛像画像传到了欧洲。当时，欧洲人对从中国传来的纸牌和纸画感到很新奇有趣，于是开始研究造纸方法。12世纪以后，欧洲各地陆陆续续发展起初步的造纸行业，纸媒介的传播却遭到阻碍，德国皇帝腓特二世下令：全国的公文一律要使用羊皮纸，不许用纸张，违者严惩。但此公文并没有实施。与此同时，法国皇帝却下令广泛收集破布（亚麻布），禁止破布出口，为造纸工厂准备充足的原料。14世纪，元朝忽必烈西征，一直打到多瑙河流域，不久，马可·波罗从中原带回纸币。1450年德国谷登堡利用铅合金，发明了印刷机。

在欧洲当地采用从阿拉伯传来的造纸术，地域不同、材料不齐全给造纸带来很多问题。由于缺乏竹子，没有办法制作篾席这个捞纸的工具，使用起来也不方便，损坏了难以更换，在这种情况下，人们改良了捞纸工具，发明"抄网"，用红木制成长方形的框架，把铜网固定在框底部，有点像我们现代手工纸的捞纸工具。它有两个特点，第一是抄网的大小决定了所造纸的尺寸，第二是能够防止纸浆溢出。其后，等到捞起来的纸浆水分沥干，再拿到木板上让太阳晒干干燥。由于当时把造纸术外传的中国人没有把纸药的妙用一并公开，国外的造纸一直没有使用纸药，结果造出来的纸并不平滑均匀，对于这种情况，当地人巧用智慧，想到用毛毯托纸、压榨挤水、悬索风干等办法，还有就是采用跟现代造纸相似的在干透的纸上刷胶的方法，改良纸的表面平滑度。可是，每抄造一批纸需要大量的篾席或抄网，产品在数量和品质上，都难以令人完全满意。尽管如此，纸的优势仍大大地超过莎草纸和羊皮纸。欧洲的基督教教士，需要大量《圣经》印本传教，可是手工业的效率跟不上需求，造纸技术上也有很大的障碍，迫使当地人改良造纸的方式——机械造纸。欧洲人长期以来只知道莎草纸和羊皮纸，而这两种书写材料也是宗教传播的媒体，因宗教而存在、发展。中国纸进入欧洲之后，尤其是印刷术的出现，印刷机的发明催化和促进了造纸机的发明。

经过长时间的造纸经验积累和科技进步，造纸技术进一步发展。1680 年，荷兰人设计一种利用风力来推动装有滚刀装置的环形槽，使纸浆在槽内不停地循环回流，从而达到打浆的效果。经过多次改进后，1750 年终于发明了荷兰式打浆机，它由许多荷兰工匠逐步改进成功。最开始，这种打浆机是用来处理破布的，因此需要兼做碎解、洗涤、打浆、调料等工作。此后，又针对不同的问题有了很多类型的打浆机，如尼牙加拉式、伏特式、荷里式，等等。

18 世纪，英国发生了工业革命。1782 年，瓦特改进、发明了蒸汽机，以及电的应用与普及，当时很多手工业从手工技术转变为机械操作，大大提升了手工业的工作效率和产品质量，造纸业也同时受惠。1798 年，法国人罗伯特发明了一个环形带状的"无端铜网"，其宽度为 30.48cm，长度为 127cm，它能够把打散后的纸浆分流到铜网上，随着手轮的摇动，洁白纸张不断被抄造出来。这就是长网造纸机的雏形，初步地把间歇式操作转变为连续化生产。这项技术申报了专利，由于此时的罗伯特已经身无分文，他只好把这个专利卖给了伦敦文具商亨利·福太尼亚兄弟。亨利出资聘请机械工程师唐金改进造纸机，1804 年，唐金师傅按照抄纸的各项工序，分三个阶段的造纸部分，设计制造了铜网部、压榨部和卷纸部等联动装置，该机器被称为世界上第一台实用型的长网造纸机——福太尼亚机。

2. 纸与印刷

在欧洲，纸与印刷有着非常密切的关系。活字印刷是中国发明的，但在中国却没有一直使用下去，而是在欧洲得到了普及和使用。古登堡（Johannes Gensfleisch zur Laden zum Gutenberg，1397—1468）被称为是活字印刷的完成者，他将压榨葡萄的机器原理，运用到印刷中来，这是否也是从造纸的过程中得到的灵感呢？

古登堡出生在德国美因茨，这是一个古老的造纸盛地。古登堡从事印刷事业时，正是造纸的兴盛时期。这时在欧洲的造纸过程中，每一张纸在抄出水槽之后，会用布夹起来，然后叠在一起，用压榨机进行压榨脱水。我们经常使用的素描纸、水彩纸等，表面有比较粗糙的肌理，这就是夹在纸中间的布的纹理。古登堡从这些布纹的效果而想到了活字印刷的原理。

而这种原理，也直接影响到了凹版印刷的发明。后来成为欧洲最主要的印刷手段的就是凹版的铜版印刷。将铜板用酸性液体进行腐蚀，或用专门的刻刀进行刻制，使铜版的表面产生凹下去的痕迹，然后通过施墨和擦墨的过程，将图像和文字印制在纸张上。而铜版印刷对纸有一定的要求，需要较为柔软和纤维细腻的纸张。尤其是铜版画，不同材质的纸张，对油墨的吸收程度不同，所呈现的效果及对作品的艺术价值有着很大的影响。

3. 纸与版画

版画来自于传统的印刷，古代书籍中有很多插图，尤其是有关宗教的宣传，在书籍中插入了很多图，中国普遍使用木版，而欧洲基本上就是铜版。印刷的技术逐渐被艺术家们所吸收，运用到自己的作品创作中。画家们在制作自己的作品前，会精心地挑选纸张，使自己的作品不只是具有造型、色彩、空间、寓意、内涵等表现，纸张往往更能体现作者的创作意图。

17世纪的荷兰著名画家伦布朗（Rembrandt Harmensz. Van Rijn，1606—1669）创作了大量的铜版画作品，伦布朗尝试了用很多不同的纸张来进行铜版的印制。在他遗留的作品中，还保留着八十多幅使用日本的和纸印制的版画，包括最著名的《治病的耶稣》（图2-28），这幅作品在二十多年前已经被拍到了约一千万元人民币的价格。由此可见，在17世纪时，东西方之间的贸易交流已经非常频繁，日本的纸张作为非常昂贵的物品，被艺术家所使用。和纸有着很好的吸收性，在印制前稍微将之湿润，可以印制出非常细微的色调。

图 2 - 28 《治病的耶稣》铜版画（伦布朗，1649）

现在的版画普遍是装在画框里进行展示，人们透过玻璃去观看作品，往往忽视了纸张的质感。版画本来是人们拿在手上进行观赏的艺术，德国的丢勒（Albrecht Dürer，1471—1528）、日本的北斋（Katsushika Hokusai，1760—1849），包括前面介绍的伦布朗等，他们的作品都是让观者直接与画面接触，让他们可以感觉到强烈的色彩，触摸到油墨的凹凸。版画呈现在人们眼前的除了造型以外，作为单纯的物质来说是颜料与纸。欣赏版画时，与欣赏其他油画、国画等最大的不同之处，就是可以通过自己的手指去体会作品的存在感，这与现在装了画框的版画相比，更能体现出收藏者与画家交流方式的开放，可以体会到纸的文化感，理解作品的深层观念。这就是为什么欣赏美术作品，一定要去看原作的意义。

4. 纸的观念之变化

发明造纸是一个非常曲折的过程，而从最初的纸到今天我们所使用的精美的纸，其发展过程更是一个漫长的过程。中国发明了造纸术，也发现了诸多的造纸原料，但作为利用这些纸浆材料所进行的创意性开发，却还是显得不足。

我国造纸专家陈克复院士曾说道，"中国是一个造纸大国，但不是一个造纸强国"。就艺术类用纸而言，国内的纸，除了宣纸以外，总是难以满足艺术家们对纸张的要求。不是太硬，就是质地粗糙，基本上都是机械纸，手工的艺术纸张少之又少，好的手工纸更是几乎绝迹。

而运用纸浆材料所进行的有关创意的作品，在国内尚处于起步阶段。国内艺术纸浆造型专业课设置的并不多，而且作为专业学习的更少，纸浆设备上的不足和市面上纸浆造型材料的缺乏，造成有关的学习与创作难以进行，这对纸浆艺术专业教学是一个限制，加上手工纸需要在偏碱性的水质里完成，而对造纸纤维的选择也有一定的讲究，仅是要达到发扬传承手工造纸艺术已很不容易，需要大量的师资和必要的设备。

传统的手工纸工坊逐渐没落，没有得到应有的保护，现在大多数的手工造纸工坊都是在制作冥币之类的东西，很少有进行较为高档纸的制造。长此下去，造纸技师们就会越来越少，而出路也越趋狭窄。

在 1950 年前后，国外很多学校开始设置纸浆造型艺术专业，或者与手工造纸工坊结合，让学生学习手工纸的制作，并运用手工纸进行艺术创作和创意设计，学生毕业趋向两个方向，其一是造纸艺术家（包括设计师），创作纸浆艺术作品；其二是作为专业的造纸者，进一步提升手工纸的美感和质量。一些造纸工坊还会定期请艺术家到他们的工坊创作作品，这样的做法不但能够发展他们工坊的造纸事业，同时可以让更多人通过艺术家所做的作品，了解纸浆艺术。

纸的材料随着时代的进步在不断变化，1799 年法国发明了运用机械制造的卷纸，1840 年开始使用木材进行造纸，1960 年已经使用石油来造纸了。纸的价格从昂贵变得廉价，用途从印刷扩展到生活的各个方面，纸张用途越来越广泛，而纸的概念也在不断地变化。

纸与版画结合，让这两种艺术生出了伟大的艺术。而在 20 世纪 60 年代，美国更出现了运用纸材料的新思潮。20 世纪的美术，在观念上出现了很大的变化，而其中最主要的是各种材料在绘画中的运用。纸作为书写或绘画的载体，是人们普遍的共识，这种观念此时也开始改变。美国的很多艺术家直接将纸浆进行堆积，或将它们平铺，做出各种造型，他们将纸浆作为绘画的材料，直接进行艺术作品的创作。纸的概念在延伸，很多人认为这已经不是纸了，而这些艺术家们坚称：这是新的纸，是艺术的纸，是运用纸浆材料的造型艺术。

这些纸浆造型艺术家们，寻访了世界各地的手工造纸工坊，如日本、中国、尼泊尔、印度，甚至澳大利亚一带群岛的树皮纸等。他们吸收了各地的造纸方式，运用到自己的作品中，追求最原始的制作方式，以求得作品最强烈的表现力度。现存尼泊尔的造纸方法，被称作是保持了当时中国最古老的手工造纸的方式，中国的造纸西传到尼泊尔后，当地基本一直在沿用这种方式。

纸自从被发明以来，一直是作为人类重要的表现媒介，不管是作为表现的载体，还是表现的本身，它都给人类带来了丰富的文化内涵。

第三章　现代纸浆造型艺术技法

一、古代造纸术

1. 造纸材料筛择

现代纸浆造型艺术技法，其最基本的原理是来源于古代的造纸术，因此，我们有必要先了解一下古代的造纸方法。

实际上，像丝绢那样的动物纤维，在和水相遇后也不会相互吸附，但是富含水分的植物纤维中有一种纤维素，其干燥后就会互相紧密地结合，即使在很薄的状态下，也会比较结实，成为不容易破的纸张。因为每一种植物的纤维，其所含的纤维素是不同的，再加上纤维的长短、强弱、颜色等都有差距，所以，即使是植物的纤维，也不是都能成为纸的原料，并非什么种类的纤维都可以拿来作为制作纸的原料。

大概从比蔡伦更古老的时代开始，人们就尝试过从各种各样的植物中选择出符合制作纸张条件的植物种类，加上气候和水土的因素，再根据民族和文化的不同，导致人们对造纸产生了不同的审美观。因此，在世界各国各地区中出现了不同的造纸原料。前面说过，在中国使用麻、竹、藤、沈丁花、桑、稻等；在日本主要使用楮树、三桠、雁皮、麻、低木种的内皮，用来制造和纸的纸浆；还有西方国家的纸里有亚麻、洋麻等，而且还有以木棉和稻为主的原料。

植物的生长需要一定的时间，到了今天，运用这些各种各样特征的植物作为纸原料，已经满足不了现代人类对于纸张的需求，因此，科学家们发明了从树木里提取出纤维素，以化学的方法抽取纤维的化学纸浆，再将其与机械制浆（利用机械把树木搅碎成纸浆）相混合，也就是我们现在所使用的最一般的原料制作方法，也是现在世界上造纸业广为应用的一般方法。

2. 解读古代造纸过程

蔡伦经过长年的实验与研究，寻找适合造纸的材料，而人们最早寻找到的造纸原料是麻，麻的种类主要有大麻、黄麻、亚麻和苎麻，这些原料在中国各地都有出产。使用废旧的麻料造纸，能够节约成本，并可以省去沤麻的程序，这样打浆的过程就变得更为便捷。

蔡伦最终决定用树皮、废麻头、破布、渔网造纸。找到适合造纸的原料之后，蔡伦开始研究造纸的方法，实验如何处理材料才能得到可以书写的纸。因此，蔡伦在研究造纸的时候对纸浆的处理进行了研究，发明了造纸术。

首先选择适当的材料，分别是树皮、废麻头、破布和渔网，蔡伦所选用的造纸材料都是植物纤维，有别于缣帛和絮纸的动物纤维。然后用水将造纸材料清洗干净后，把造纸材料切短、碾碎。

把草燃烧后的灰，放入水里，做成草灰水，再把切碎了的原料放入草灰水中（图3-1）。

图3-1 选料、洗料，把原料放进草灰水中

煮浸泡过草灰水的原料，去除纸浆里的杂质和酸性物质。由于草灰水呈碱性，起到了分解纤维的作用，而且，经过草灰水处理的纸张，白度会明显增加；再把煮过的原料用水洗干净。图3-2中，两人不断地在石臼里捣炼纸浆，之后再清洗干净。

图3-2 煮料、捣炼纸浆、捣炼纸浆后放进池里搅拌的过程

材料经捣炼和清洗以后，呈灰白色或银色的棉絮状，放入槽中，加进清水，制成适当稠度的悬浮物，即纸浆。把打碎了的纸浆放入水槽中，用木棒搅拌，使纤维充分分散并漂浮起来。

将舂捣好的纸浆送入纸池加水悬浮，然后用"簾"进行捞纸，或叫抄纸（图3－3）。

图3－3　抄纸、晒晾纸张、纸张成品的过程

用网抄完纸后，直接拿去晒干，晒干以后，把纸慢慢地在簾上揭下来，纸就可以使用了。

可以把以上造纸过程总结为六个要点：第一点是"选"择材料；第二点是"剉"解材料；第三点是"煮"蒸材料；第四点是"捣"炼纸浆；第五点是"抄"造纸浆；第六点是"干"燥纸片。

从这六个要点可以看出蔡伦发明造纸术的独到之处，这是蔡伦概括前人造纸经验和自己创新造纸技术而来的。第一点的"选"择材料，由开始的动物纤维蚕丝到后来的麻，最后蔡伦决定使用植物纤维和一些可回收材料如渔网等，这是一个学习和思考实验的结果；第二点"剉"解材料，造纸材料中有些需要去掉树皮，有些需要分解废麻头、破布和渔网，它们是需要切短、碾碎的，因为细致的浆料才可以造出可供书写绘画的纸，而且加工材料有利于第三点"煮"蒸的工序；"煮"蒸工序主要是使材料更为容易分解和融合；第四点"捣"炼纸浆，舂捣浆料，直到成为更细腻的纤维，为第五点"抄"造纸浆做准备；"抄"造纸浆，需要把纸浆均匀地从纸池中捞起来，才可以制造出一张平整的纸，打浆是造纸生产过程中很重要的一道工序，于是各种各样的打浆工具和设备便应时而生；第六点是压榨出水分，把纸片放到日光处晾干，同时，日光能够把纸的颜色晒白，一张纸就真正形成了。那时，古代中国是一个农业社会，自然而然地在工具上与农业挂钩，先是借助棒棍（砧杆）来敲打麻浆，但麻纤维质地较粗，不及丝纤维柔和。于是，人们借用舂米的石臼、碾磨、踏碓①（图3－4）等器具来处

---

① 刘仁庆. 造纸趣话妙读［M］. 北京：中国轻工业出版社，2008：53.

理浆料。这就是早期打浆设备和操作产生的历史背景。

图 3-4 踏碓

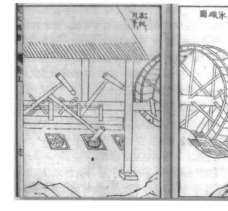

图 3-5 水碓

　　其中，了解汉代机械发展水平及蔡伦造纸工艺，联系后代造纸机械（如《天工开物》中明晰的插图）则不难推断出蔡伦造纸所用的机械了。备料机械：斧、剪刀、锄刀等，用以切碎麻头、破布、旧渔网、树皮。蒸煮机械：锅、釜等，用以盛放经沤泡的造纸原料。打浆机械：杵臼、踏碓、畜力碓、水碓①（图3-5）等。这些打浆机械在东汉初已有记载，到了蔡伦造纸时进一步推广，不仅用于加工稻谷等粮食，同样会用于春捣纸浆，甚至直到现在一些落后的山区、农村，如商州山区，仍用丹江水力冲动水碓，以春竹浆，制造火纸。抄纸（或称捞纸）机械：竹帘或漏网抄纸②。

　　另外，很多地方造纸工人的抄纸姿势也有所不同，如陕西沣惠乡北张村，他们的造纸工坊较为简朴，纸槽是由砖砌成的土坑，旁边还有一个小土坑作为抄纸用，抄纸时站立捞纸，比起不丹的造纸法略为进步，如现代东西方的手工造纸，纸槽位置与人腰部齐高，完全是站立式的抄纸覆帘，比以前的抄纸更为方便进步（图3-6、图3-7）。而日本最早的抄纸方式（图3-8），纸槽是在地面上，较为低矮，人们都是跪在凳子上抄纸，覆帘时就需要转过身来，并不方便。不丹、尼泊尔的抄纸为蹲坐式的（图3-9），是最原始的造纸方式。

　　这是因为东方的抄纸方法是将纸浆放入水槽里，再用抄纸框去捞水中的纸浆。而不丹等地是将适量的纸浆放在抄纸框中，在抄纸框中将之均匀的分散开后，再抄起拿去晒干。由此可见，这些流传至今的古老作坊造纸条件都是很艰苦

① 冯彤. 和纸的艺术［M］. 北京：中国社会科学出版社，2010：20.
② 许焕杰. 纸祖千秋［M］. 长沙：岳麓书社，2005：86.

的，而把造纸术传播到国外并不容易，其他国家也根据自己的习惯造纸。

图 3 – 6　中国古代的造纸方式

图 3 – 7　欧洲的古代造纸工坊

图 3 – 8　日本的跪式捞纸

图 3 – 9　尼泊尔、不丹等地的蹲坐式捞纸

二、纸浆造型艺术设备及使用方法

1. 打浆机的使用

纸浆造型艺术最基本的素材是纸浆，它与绘画所用的颜料、雕塑所用的泥巴，都具有同样的功能。不同的植物，不同材质的纤维，不同的颜色，为我们提供了多样的选择，就像一位画家去选择画材一样，我们的艺术创作就是从选择材料开始的。

当我们决定了使用哪种材料之后，就要将其打成纸浆。由于纸浆造型艺术创作所用的纸浆材料的量并不是很多，因此不可能用工业的打浆机，但可以使用我们日常生活中的豆浆机打浆，豆浆机由于一次所打的量有限，只能制作一些小型的作品，对于较大的作品来说，会受到一定的限制，这时就要使用专门的打浆机。由于现在手工抄纸不是主流的抄纸方式，手工的纸工坊在各地并不多见，所以没有专门的打浆机可供使用，造纸厂的打浆机过大，只适合于工业造纸用，因此有必要自行研制出相应大小的打浆机。

纸浆造型艺术所使用的打浆机有两种类型，分别针对纤维较长的树皮材料和纤维较短的树木材料的打浆，主要区别在于搅拌用的刃的形状不同。S型的搅拌刃用于纤维较长的树皮纸浆打浆。当刃滚动滑过水时，能够分解树皮的纤维，但并不绞碎纤维，保持纤维的长度，图 3－10 是东方式打浆机。

图 3－11 是西方式打浆机，其搅拌刃似一个齿轮，这个齿轮可以上下调动，用于树木、棉等纤维较短的纸浆的打浆。在打浆时，齿轮的滚动会将纤维切断打碎，制成的纸浆比较细腻。

图 3－10　东方式打浆机

图 3－11　西方式打浆机

2. 抄纸的工具

所谓"抄纸"，就是将分散在水中的纸浆，使用布、竹子、金属制的网状物，将其均匀地捞取上来，以便做成各种大小的纸张。传统的抄纸，用到的都是抄纸帘，用竹丝做成，这在市面上基本是买不到的，手工抄纸工坊里的抄纸网，基本都是自己制作的，但他们的尺寸较大，一般在 1.5m 左右，不大适合艺术作品的制作，我们所需要的相对来说要小一些，只能自己做抄纸网和抄纸框。在这里试着使用容易买到的金属网，将其钉附在木框子中，我们称之为抄纸框。

抄纸框可大可小，一开始可以根据小型的盘子、水槽的尺寸来制作，先不要太大。比如说可以先按照明信片的大小来做一个抄纸框。

抄纸框分为两个部分，一个是绷金属网的木框（图3–12），称之为"木框网"；另一个是可以卡住木框网的木框（图3–13），称之为"卡框"。木框网和卡框的大小比例如图所示，卡框可以套卡在木框网上，形成组合（图3–14）。

图3–12　木框网　　　　图3–13　卡框　　　图3–14　木框网和卡框组合

木框网中金属网的钉贴：木框网的制作方法是在木框的正中贴上金属网，以做成平整的过滤网。要使用较柔软细腻的网，但又不能容易变形的，例如布、塑料等素材的网，一旦有纸浆堆积，就会马上凹下去，不能抄出均匀的纸张。所以要选择有硬度和张力的金属网，例如铜、不锈钢等材料制的网。

像绷油画布一样，用短小的钉子将金属网固定在木框的四边，为了不让网脱落下来，尽量多花一些工夫，这样才能抄到均匀的纸张。

各种网：网有各种大小的网目，这里是一些不同网目的金属网的照片（图3–15），一般从20目到100目都可以，再细的目数的话，透水性会减弱，不推荐。

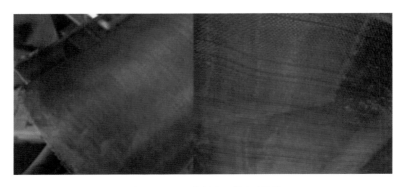

图3–15　不同网目的金属网

用网来过滤纸浆，是古代人类的智慧。我们使用的抄纸网，正反面都可以用来抄纸，中国的手工抄纸，基本上是宣纸，与这种抄纸网和抄纸框的方式不同，用的是竹帘，这两种都可以作为我们创作作品的工具。抄纸网这种传统的抄纸方式，在中国的西藏和尼泊尔一带还在使用。用抄纸网将纸浆过滤之后，露天干燥，这种原始的制纸方式，已经延续了将近两千年。

3. 水槽

水槽（图 3－16）要根据抄纸网和抄纸框的大小进行设计，水槽不能过大，不然会造成纸浆浪费，太小又不能施展抄纸网和抄纸框。传统使用的是木制的水槽，可以自己制作这样的水槽，但造价较高，现在市场上贩卖的塑料水槽，大大小小各种尺寸都有，价格便宜、实用，且轻便，易于搬动，足以满足我们的艺术创作需要。

图 3－16　水槽　　　　　　　　　　图 3－17　制作台

制作台（图 3－17），用木头做的架子，上面搭上木板，以便我们在上面进行作品的创作，我们也称之为"纸床台"。纸床台上可以进行平面作品创作，也可以进行立体作品创作，根据作品的尺寸，可以拼成大小不同的纸床台。

其他还有很多需要准备的工具，在作品创作的过程中要用到各种大小的水槽、水桶、水盆，甚至水碗、瓶子，还有水舀，各种颜料都要准备相应的碗来存放，总之准备的物品越多，使用起来就越方便。

三、现代手工纸的简单制作方法

本节我们将介绍如何使用一些简单的材料、自制的道具，以及纸的"打浆""制作抄纸用的工具""抄纸"和"干燥"制作等技术方法，体验造纸的过程，为进行纸浆的艺术造型做一些基础准备。

1. 打浆

从树皮或树木到纸浆，是一个极其复杂的
过程，并会产生很多污染，因此，我们在进行
纸浆造型艺术创作时，一般都会用纸浆的半成
品来进行制作。通常，纸浆呈现在我们面前的
是干燥的像厚纸板一样的纸浆板（图3-18），
我们已经没有必要直接从植物中提取纸浆，一
般的造纸厂也都是用纸浆板进行加工，做成各
种型号的纸张。制作纸浆板由其他的工厂来完

图3-18　纸浆板

成，也不用造纸厂自己制作。当然还有分散在全国各地的各种小型的私人造纸作
坊，依然从原始的制浆开始，直至造纸的完成。社会分工的细化，使制浆和造纸
分开，使得纸浆造型艺术的实验变得简单和易行。我们只需通过分解纸浆板，制
造自己喜好的大小、颜色、厚度的纸。

（1）纸浆板的打浆

首先，为了把纸浆分解成纤维状，要把纸浆板浸在水中（图3-19），板状
的厚纸浆一旦吸收了水分，就立即变软，可以很容易地将纸浆板撕成很小的纸
片，将其放入搅拌机里，进行打浆（图3-20）。

由于我们在进行造型创作时，所用的纸浆不是非常多，所以使用小型的搅拌
机来制作纸浆。家庭用的搅拌机、豆浆机，可以作为打浆的机器，虽然无法制作
大量的纸浆，但这是最容易找的分解纸浆的设备了。使用豆浆机时，注意不要一
次放太多的纸浆，如果由于量太多而使搅拌机无法正常转动时，可以减少纸浆的
量，也可以加水。

用10～20秒的时间搅拌，就能得到适度细小的纸浆（图3-21），想要更多
的量，重复这道工序即可。

图3-19　浸泡纸　　　　图3-20　打浆　　　　图3-21　纸浆

（2）饮料等纸壳的回收与制浆方法

废纸本身就是一种可以再利用的素材，在古代，旧的渔网、麻布衣服、木棉等，都是制造纸的材料，这些废旧的东西被打烂做成纸浆，再掺入新的纸浆，被做成各种各样的纸张。

现今社会，纸张被大量生产，除如报纸、纸箱等被回收一部分以外，很多却被当作垃圾烧掉了。我们几乎每时每刻都会接触到纸，在蔡伦时代，纸贵过黄金，而今天，纸是生活中成本较低的物品。从环保和节约的角度考虑，我们需要回收自己身边经常看到的纸，使它们再生，运用到纸浆造型艺术中来。

在我们日常生活中，各种纸张的材料中除了植物纤维外，还掺进来很多其他的材料，往往都是一些化学材料。作为纸浆造型艺术的作品，对于纸浆的要求比较高，主要是讲究其自然性，要使用纯度高的植物纤维，这样才能使作品得以长久保存，所以对这些废旧纸张要进行处理。

现实生活中，有很多可被利用的质量较好的废旧纸浆，如超市里卖的牛奶、饮料等产品的纸质包装盒（图3-22），就是非常适合于作品创作的纸浆材料。但这些容器的表面都有一层印刷的薄膜，清理掉这层薄膜后，方可使用。下面简单介绍如何回收这些废旧纸盒。

首先要把外层的薄膜清理掉，不然不好打浆。为了尽快清除掉容器外面的薄膜，首先要将这些纸壳洗干净，晒干后，将它们剪成长宽各5cm左右的纸片（图3-23），放进水里浸泡1～2天。然后把这些纸片放在炉子上用水煮1.5小时，在煮的过程（图3-24）中加入少量的苏打，可以帮助薄膜尽快脱落。煮好后，将纸片（图3-25）取出降温，并用水冲洗干净，以便清除纸壳上的塑料薄膜（图3-26）。经过高温煮过之后，薄膜与纸之间的胶被溶化，薄膜就很容易地被剥下，再进一步用水将纸片洗干净（图3-27）。

图3-22 饮料盒等纸质包装盒

图3-23 剪成纸片

我们一般用家庭使用的豆浆机进行打浆。每一次可以少放一些，加入纸片和水，根据自己所使用的量来进行，或者一边进行作品的创作，一边打浆，这样也可以避免浪费。就像在家里打豆浆一样打制纸浆，打完后将纸浆取出，挤干水分，就可以得到我们想要的纸浆。

  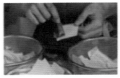 

图3-24　煮料　　　图3-25　等待降温　　　图3-26　撕下薄膜　　　图3-27　洗干净的纸片

（3）其他废旧材料的回收

报纸、杂志、纸箱等是我们日常生活中最普遍使用的纸张，而且价格便宜，可以节省材料费，所以也经常作为纸浆造型艺术的材料被回收使用。但这些废纸本身有颜色，如果脱色，也可以变成白色的纸浆。如报纸上有很多油墨，纸箱上很深的土黄色，在艺术作品中使用，虽然会有一定的局限性，但其独特的材质感，也被众多艺术家所喜好，而作为作品底色的铺垫，更是不可或缺的重要材料。报纸、杂志、纸箱等（图3-28）废纸中本身掺有很多杂质，这种纸浆成型后较松散，因此我们在把它们打成浆后还要添加一些其他的植物浆，如树木或树皮的浆，或者加一些树脂、胶等黏合剂，再根据上面的纸壳回收步骤进行打浆就可以了。

图3-28　回收废纸原料

不同的废纸打出的纸浆：纸箱打出的纸浆（图3-29）、报纸打出的纸浆（图3-30）、杂志打出的纸浆（图3-31）、电话本打出的纸浆（图3-32）。

图3-29　纸箱打出　　图3-30　报纸打出　　图3-31　杂志打出　　图3-32　电话本打出
　　　　　的纸浆　　　　　　　的纸浆　　　　　　　的纸浆　　　　　　　的纸浆

（4）用废旧衣物做纸浆

纸的原材料是植物，而占植物成分三分之二的是一种叫碳水化合物的纤维素，这种纤维素不仅可以制成纸浆，也可以纺成线，再织成布，所以如果再把布打成浆的话，也可以制成纸。

因此，用植物制成的棉布、麻布旧了之后，只要把它们打碎，就可以做成非常好的纸。但是将这些布打碎并不是一个简单的过程。在打碎之前，要将这些旧的布剪得更小一些，然后泡在水里，再煮上一段时间，把它们弄成非常软的碎布之后，才可以进行打浆。下面来具体介绍把一条废旧的牛仔裤做成纸浆的过程。

牛仔裤（图3-33）给人的印象除了潇洒以外，就是它的结实。牛仔布里含有很丰富的纤维素，所用的线也比其他的布要粗，所以织成的布不易破烂，因此若想把它打成浆，具有较高的难度。将这些布剪成较碎的小碎片（图3-34）之后，加上苏打，煮2～3小时。或者在水里浸泡几天，会更有效果。

图3-33 牛仔裤

图3-34 剪成碎布

用棉布打浆时，用专门的打浆机器是最简单的，如果没有这种专门的打浆机器，将煮软了的棉布放在较硬的台子上打烂，然后再放入小型打浆机里，在打浆的过程中，一边打，一边再将其中的纤维进行细分，将不同的纤维归类，就可以得到理想的纸浆（图3-35）。

牛仔裤的颜色各种各样，有偏蓝或偏灰，因而打出的浆也有各种颜色，最好不要混同，不然会显得浑浊。可以加一些白色的纸浆，造出的纸（图3-36）会显得透明，以增加美感。

图3-35 纸浆

图3-36 造出的纸

2. 抄纸的程序

打好纸浆，做好抄纸框，就要开始抄纸了。在抄纸前，要将抄纸框放到水里浸泡约1小时，让水渗透到金属网的每一个缝隙中，因为干的过滤网会使得水的流漏不顺畅，而进入不到抄纸的状态中，从而影响到抄纸时纸张的质量，浸泡抄纸框是非常重要的环节。

（1）把抄纸框浸到水中

在水槽里放入水，在开始作业前一定要将抄纸框浸泡1个多小时（图3－37）。

图3－37　浸泡抄纸框

用抄纸框抄纸：往水槽里倒入一定量的水，将纸浆分散在水中，使用手或者棒子慢慢地搅拌，直到纸浆全体平均分布在水里为止。纸浆多的话，抄的纸就会厚，纸浆少的话就会变薄。这种厚薄程度要经过多次尝试才能感受到。

将组合好的抄纸框用双手拿起，慢慢插入水中，让抄纸框在水中保持平衡，再慢慢提取抄纸框，离开水后保持10秒左右，让聚集在抄纸框里的水尽量漏去，在抄纸框的金属网里留下的就是一层均匀的纸浆，这就是干燥前的纸张。如果某一个环节没有做好而导致不成功的话，可以将纸浆再放回到水槽里重新开始。

抄纸框里的水完全滴干净后，就可以将金属网上的纸浆移动到事先准备好的台子上。

（2）放进浆料（图3－38）

把纸浆放到水里，其量根据自己的感觉调整，少了就再加，若放得太多了，可以用过滤器把多余的纸浆捞出来。

（3）搅匀纸浆（图3－39）

用手慢慢地搅拌纸浆，让纸浆均匀地分散在水中。

（4）拿过滤网（图3－40）

把组合好的木框网，用两手拿着。注意手指只抓住木框部分，不要碰到网，以防堵塞水流。

图3－38　放进浆料　　图3－39　搅匀纸浆　　图3－40　拿过滤网　　图3－41　准备抄纸浆

（5）准备抄纸浆（图3–41）

以一定的角度把过滤网浅浅地放入水中，在纸浆溶液里要保持水平。

（6）抄纸浆第一步（图3–42）

确认纸浆溶液均匀地分布在水里，然后再提取木框网。

（7）抄纸浆第二步（图3–43）

稍微左右摇动过滤网可以使纸浆进一步分布均匀。

（8）抄纸浆第三步（图3–44）

将木框网从水中提取上来，离开水后以图中姿势等待约10秒。

（9）卸下外框（图3–45）

将卡框卸下，只拿着木框网。卸下时注意缠绕在卡框上的纸浆，以免卸下时扯动木框网上的纸浆。

图3–42　抄纸浆　　图3–43　抄纸浆　　图3–44　抄纸浆　　图3–45　卸下外框
　　　　第一步　　　　　　　第二步　　　　　　　第三步

（10）让木框网伏在板上（图3–46）

注意不要打滑，把木框网的下边轻按在板上，以此为轴把木框网向前放倒，伏在板上。

（11）用海绵吸水（图3–47）

将海绵轻轻压在网上，并且充分吸收水分，让纸均匀地吸附在板上。

（12）拿走木框网（图3–48）

手拿着木框网的两个长边，慢慢提起木框网，将纸浆留在木板上，这就是一张做好的纸。

图3–46　准备伏在板上　　图3–47　用海绵吸水　　图3–48　轻轻掀起木框

放抄好的纸浆的木板台，我们称作纸床，通常纸床在一块较厚的木板上面。一个理想的纸床，需要在木台上平铺上充分浸水的毛布、绒布、人造纸巾等，这样就可以按照刚才图示的方法，把抄好的纸浆平放在纸床上。这些方法在后面会详细叙述，在这里先介绍直接把纸浆移动到纸床上的方法。

如果这张纸抄得不理想，可以将纸浆返回到水槽中，再次使用。

3. 纸的各种干燥方法

干燥纸浆，是纸浆成为纸的最后一道工序。我们可以直接在木板上进行，木板根据纸的大小来定，一般一块整开左右的木板最为合适，这样不同尺寸的都可以用。如果纸张小的话，可以往一块板上放几张纸。事先将木板稍微湿一些水的话，纸浆和纸的吸附就会变得更好。

把纸浆从木框网放到木板上时，纸浆还含有很多的水，这样很难做出很好的纸，为了做出好的纸，就要尽可能地将纸浆里的水分吸取干净。一般采用压和吸的方式。

（1）用胶辊脱水

将棉布蒙在纸浆上，用胶辊、毛刷、吸水性好的棉布等把水分从纸浆吸到布里，并让它脱水。脱水的同时，也用力滚动胶辊，给纸浆一定的压力，做出来的纸就会相对结实一些。最好使用干燥的棉布，可以节省脱水的时间。把棉布蒙在纸浆上，从上面用刷毛和胶辊等轻轻地施压，让纸的水分吸到布上，反复几次，直到将水尽量脱干。脱完水的纸浆会吸附在木板上，最后将木板搬到户外，晒干后，就是一张成品的纸张了（图3-49～图3-51）。

图3-49　胶辊脱水　　　　图3-50　压制纸浆　　　　图3-51　阳光干燥

（2）用海绵脱水

用海绵也可以吸取水分（图3-52）。再用熨斗熨干（图3-53），可以用熨斗进行加热式脱水，也可以用烘干机（图3-54）。有衣服烘干机和摄影纸干燥机的话，脱水十分方便。

图 3 - 52 吸水

图 3 - 53 熨斗熨干

图 3 - 54 烘干机烘干

最简单的干燥纸的方法就是熨斗干燥。用熨斗的话，不必把纸移动到板上，直接移动到干燥的棉布上即可。将棉布盖在纸浆上面，再用毛刷、海绵等在干燥的棉布上来回移动，纸半干燥的时候增添一块更加干燥的棉布，用熨斗来回熨的话，要不了多长时间，纸就干燥了。

经过以上的程序，就能制造出明信片大小的纸。如果加上自己喜欢的颜色和图案模，就能创作出新颖的、具有个性的作品来。

四、纸浆造型艺术所使用的药品

纸浆造型艺术中除了使用的道具、机械、技法以外，在制作纸浆的同时，对纸浆有着较高的要求，如将纸浆变白、保存纸浆、给纸浆染色、加强纸浆的硬度等，为了达到这些不同的目的，就需要使用很多药品。过去这些药品都来自于自然，随着科学的发展，人们研究出了许多化学药品，以适应今天的大工业生产，下面简单地介绍一下在纸浆造型艺术中使用到的药品。

1. 中和用药品

运用木材、树皮、草皮以及不用的废旧纸张等，并不能直接制造出满意的纸浆，因为这些物质的纤维里都多多少少含有杂质，影响纸浆的纯度，这时就要加进一些药品来分解这些杂质。一般使用苏打来分解，也可以用石灰等碱性药品。将药品溶解在水中，再将要制成纸浆的原料浸泡在药水里，煮两三个小时，就可以分解原料中的杂质。

注意，在将使用过后的药水废弃之前，为了避免污染环境，一定要先用酸性药品进行中和，最简单的方法是加进一些醋，以起到环保的作用。

2. 漂白剂

不同的植物其本身的颜色不尽相同，因而制成的纸浆的颜色也有所不同，当然，这些固有的色彩，往往可以创造出很多具有个性的作品。但纯白色的纸浆也是不可缺少的，纯白的纸浆可以染出较纯的不同原色来，为了能得到纯白色的纸浆，就要对带有杂色的纸浆进行漂白，就要用到漂白剂。

在化学用品商店里，有工业用的漂白剂，我们一般家庭里，也有洗涤衣服的漂白剂，这些都可以为纸浆造型艺术所用。

3. 纸浆的防腐

打好的纸浆，最好当天用完，但如此精确的计算，恐怕有一定的难度，而且一幅作品往往需要制作好几天，甚至更长。纸浆长时间处在潮湿的状态下，很容易变腐，尤其是夏天，保存的时间更短。所以，有效地使用防腐剂，确实方便了艺术作品的创作。

既不伤害纸浆，也不伤害人体的防腐剂，其实有很多。我们在日常生活中，在很多方面都要接触到防腐剂，如食品中就有很多这样的药品，虽然我们尽量避免使用这些药品，但用在纸浆造型艺术中，食品防腐剂是比较合适的药品。

在使用过程中，要先将防腐剂以 0.2% ～ 0.5% 的比例溶于水中，均匀搅拌后，再放入纸浆，根据纸浆的多少变动防腐剂和水的比例。

4. 纸浆分散剂（纸药）

在造纸术中，还有一样神奇的发明，就是纸药。有种植物被民间称为阳桃藤，属于藤本科目。这种植物做出来的纸药成黏稠状，质感滑溜溜的，较为浓稠，需要与水分充足的纸浆兑开使用，纸药的发明让纸的平滑度大大提高，可以说是造纸术的精髓。可以制作纸药的植物还有很多，有黄蜀葵、槿叶、野葡萄、白榆、杜仲根、仙人掌，等等。在捞纸时，通常往纸槽中加入适量的植物黏液，用力搅拌后再进行捞纸，我国民间把这种黏液称作"纸药"或"滑水"。纸药的作用可以归纳为三点：①悬浮分散，使纸均匀成形；②保护压榨，使湿纸免于"压花（湿纸被水冲破）"；③防止纤维互粘，使湿纸易于揭分①。

105 年，在蔡伦发明了这种有重大作用意义的纸药之后，终于能够完全解决湿纸压榨后纸浆难以完整揭分的难题，这样纸浆才可以造出均匀平整的书写用纸，同时能够快速地大量生产。蔡伦把造纸术改良成一套实用的造纸工艺技术，后来经过朝廷把技术推广于大众。

中国造纸术中纸药的发明使造纸行业稳定地发展，而造纸术在外传的过程

---

① 王诗文. 中国传统手工纸事典［M］. 台湾：财团法人树火纪念纸文化基金会，2001：74.

中，国人把纸药隐瞒了起来，使外国人难以做出能跟中国媲美的纸。因为没有纸药的作用，抄纸时难以将纸浆均匀地捞起来，而且效率低下，但同时也促使了外国对造纸机的发明与改进。

对于纸药的发明，曾经受到其他国家的质疑，但日本专家一致肯定地认为，纸药是中国蔡伦发明的：①广岛大学教授山下寅次说："蔡伦发明的造纸法，概括起来可分三点……上述三点中，第三项的混加植物纸药抄纸，是造纸法中的要诀，也是蔡伦造纸法的主要关键……呜呼，蔡伦毕身之功，亦伟矣哉。"②日本纸史专家、《纸业杂志》总编辑关彪说："不论手抄和纸或机制和纸添加纸药，为不可少的措施。以前曾认为使用纸药，为日本所发明。会以此种无智的推测，现在深感惭愧！据已故的内阁抄纸部长佐伯胜太郎的研究，何以蔡伦以前无人能发明真正的纸，原因关键就在纸药问题上。只有蔡伦才能克服种种困难，发明了纸药，才能成功地抄出完善的纸来，完成了纸的发明，实是非常伟大。"③纸史专家、京都大学教授秃氏祐祥说："……中国史书上，关于何时何人首先使用黏液纸药一事，并无记载可考。据现代一些专家研究，还是从蔡伦开始的。推测蔡伦在研究出黏液纸药的无比妙用后，才圆满地发明了造纸术……"①

以上专家的分析肯定了蔡伦造纸术中纸药的原创性和独特性，纸药在造纸术中是关键性的发明，可以肯定蔡伦是造纸术的发明者，从造纸材料到造纸方法的一步一步创新，蔡伦的伟大甚至影响至今，现在造纸术已经发展到与科技相结合，而纸药也有了新的发展。

传统造纸中纸浆分散剂是不可缺少的重要药品，虽然在西欧的造纸中使用较少，但在传统的东方造纸中，这种分散剂称作"纸药"，取自于一种植物里的黏液。每一种植物中，多少都有这种成分。这种黏液放在水里，起到分散和安定纤维的作用，它能将纸浆均匀平整地黏附在抄纸网上，对一张纸的成败起决定性作用。

"纸药"现在有天然和化学之分，传统中使用的是天然的"纸药"，天然的"纸药"在世界各地有不同的种类，中国的宣纸所使用的"纸药"有其独特的效果，一直被日本的造纸界潜心研究，以致中国把宣纸的"纸药"作为国家机密，并禁止日本的同行对安徽一带的造纸产地进行参观。天然的"纸药"一般取自于植物的根部，将这些根折断，就会流出很多黏液，将这些黏液过滤干净，放入水中就可以分散纸浆。

---

① 山下寅次. 中国制纸法发明及世界传播［J］. 纸业杂志，1939（6）：6－13.

今天，纸被广泛地使用，天然的"纸药"已经不能满足大工业的生产，因而研制出了化学"纸药"，现在国内普遍使用的是聚氧化乙烯（polyethylene oxide），简称"PEO"。从市场上买来的"PEO"一般呈粉末状，使用起来较天然"纸药"要简易方便，因为天然的"纸药"不易买到，即使买到后，生鲜的植物也不易保存，"PEO"则不存在这些问题。

在使用"PEO"时，可根据纸浆的量来进行配置，可以先调制一些浓度较高的液体，制作作品时，就可以较灵活地使用。在水中加入一定量的纸药"PEO"，会使水变稠，使纸浆在水中的沉淀速度变慢，并扩散，不易成团，因而可以制造出均匀平整的纸张。纸药"PEO"会随着纸张的干燥而流失掉，几乎完全消失，因而对纸张没有任何影响。

纸药在纸浆造型艺术的创作中，也是不可缺少的。例如，在制作纸浆与纸浆重叠的作品时，如果没有纸药，就不可能将纸浆均匀平整地浇在画面上。纸浆还可以与纸药一起放入瓶子里，从细的管子里挤出，做点缀画面的技法效果。

"PEO"由于是工业用纸药，只有大型的造纸厂使用，目前在国内只有很少的厂家生产，少量的购买也许有一定的难度，各地的艺术家可以在当地打听，或在网上查询。

5. 纸浆的染色剂

从纸浆的颜色来说，虽然自然的植物本身具备各种颜色，而且我们在作品创作中也大量地使用，但有限的颜色是满足不了艺术家的创作的，对纸浆进行染色，就成为材料运用的重要手段，可根据自己使用量的多少做准备，就能顺利地进行创作。

作为染色用的颜色有两大类，一类是染料，另一类是颜料，其区别在于染料是天然的，颜料是化学的。传统使用的多是染料，染料取自于自然中的各种植物，呈透明的状态，传统以及民间的染织和印刷等多用的是染料。染料染于纸浆时，经过蒸煮，就可以较稳定地染在纸浆上。染料的弱点是颜色较淡，若要达到自己满意的颜色，要染很多遍，并且经过一段时间后会褪色，影响作品的保存。

天然的矿物质颜料，虽然具备很多种颜色，但过于昂贵，一般不适合于纸浆作品的创作，矿物质颜料现在也只限于在中国画和日本画中使用。现在我们普遍使用的画材、店里贩卖的颜料，基本上都是化学颜料。化学颜料是用化学元素配制出的染料，染在白色的粉末上，再根据不同的画种，加入不同的黏合剂，而制作出艺术家可使用的油画、水粉、水彩、丙烯等颜料。

用于纸浆造型艺术的颜料，原则上来说，只要是水性的颜料，都可以进行染色。水粉、水彩、国画颜料，甚至丙烯，都可以用于纸浆的染色。其中，水粉颜料相对来说，其颜色本身的材质较纯，粉末粒子较粗，且发色较浓厚，是比较合适的纸浆染色的颜料，水粉颜料不似染料那样透明，但耐光耐酸，不易褪色。

在具体染色的过程中，要将纸浆染上各种颜色，首先要保证颜料染上之后，不会脱落，因为染好色的纸浆，只是作为颜色，还要拿它进行作品的创作，不然颜料不能附着在纸浆的纤维上，一遇到水，颜料就会被冲掉。

我们现在使用的染色剂，也是一种化学用品，它利用正负离子的原理，呈A、B两种，先用 A 剂将颜料染在纸浆上，再倒入 B 剂，使颜料从水里分离，完全将颜料固定在纸浆上，浑浊的水会变得清澈透明，最后过滤掉清水，就完成了染色的过程。染完以后的纸浆容易结成块状，可以通过清洗纸浆，让纸浆纤维重新分散开来，主要是洗掉染色剂的残余部分。

6. 纸浆作品的防水用剂

纸浆是一种比较弱的纤维，纸受潮之后会变软，纸就像海绵一样，有一定的吸水性，接触水之后，纤维与纤维之间就会松动，因而容易破损，而且长期处在潮湿的环境里，纸也容易腐蚀发霉。

纸浆作品若要长期保存，就要解决这个问题，要使它具有一定的耐水性。其实我们在绘画里接触到的很多纸张，有的具有吸水性，有的不吸水，有的半吸水，如生宣和熟宣就是这样的，当颜色画在生宣上时，很快就会被吸收，甚至会渗开。而熟宣就不会这样，颜色在熟宣上，会浮在纸上，因此人们用生宣画写意，用熟宣画工笔。这是因为生宣是纸浆直接干燥的纸，而熟宣是在干燥的生宣的基础上，涂了一层明矾，使得纸张变得不易受潮，这个明矾就是防潮剂的一种。

可以用作防潮剂的有很多，如动物的骨胶、植物的树脂，从牛奶中也可以提取一种防潮的胶，还有很多化学的防潮剂等，可供我们选择。

防潮的处理有两种，一种是在纸张或纸浆作品完成之后，将防潮剂涂在或喷洒在作品的表面，称作"表面防潮"；另一种是在还是纸浆的时候就加入防潮剂，称作"内面防潮"。有时也同时使用这两种方法，以加强纸的防水性。

我们生活中使用的纸张，根据不同的目的来决定其防水或不防水，如纸巾、洗手间的卷纸，这些是不需要防水的，而一般的书写用纸都要进行一定的防水处理，但为了保持纸张的书写性和柔软性及造价，我们使用的纸张并不是完全防水的。

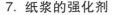

7. 纸浆的强化剂

前面介绍了纸浆的防潮剂,这些防潮剂可以防止纸张在书写时渗墨及受潮。防潮剂也使得纸张具有一定的强度,但纸浆造型艺术作品对纸张的要求更高,因此,它不仅需要耐水防水,而且需要耐热、防灾等,这样就必然会出现保护纸浆、强化纸浆等一些高标准的要求。下面介绍几种强化纸浆的药品。

（1）天然强化剂

对纸的运用,自古以来已经有很多的经验,尤其是纸浆材料的日常用品,如纸浆材料制作的伞、斗笠、衣服等,古人的智慧至今为人们所惊叹。古人大概使用三种纸浆强化剂,一种是桐油,一种是从芋头等根部提取的胶,还有一种是将柿子发酵而制成的液体。这些强化剂一方面具有防水、防腐的作用,另一方面也使得纸浆变得不易破损,使得物品能够长期使用。

天然的强化剂本身也具有不同的颜色,如桐油本身是深的黄色,用柿子制的液体更是呈深褐色。在强化纸浆的过程中,要将强化剂多次涂在纸浆作品的表面,往往会产生很强的固有色,因此对作品的色彩有一定的影响。但这种固有色,就像漆器的大漆一样,一方面限制了漆器的色彩,但其本身的颜色也具有独特的美感。

由于这种固有色比较强烈,所以在强化处理的时候,将强化剂涂在纸浆上时,有一定的难度,处理得不好,会使作品的色彩深浅不均,达不到理想的效果,而且涂上去时和干燥后的颜色不尽相同,因此要事先多次反复试验,积攒一定的经验,方可实施。

（2）化学强化剂

从原理上来说,对纸浆施加一定的压力,纸浆就会变得结实,或者在打浆时,纤维打得越细,做成的纸也就越紧密,因而也会越结实。如果没有这些设备来打浆或施压的话,也可以在纸浆里混合一些其他的材料,或者涂上各种材料,使纸浆在干燥后变硬。可以使用亚麻油、麻油、调色油、蜡、合成树脂等材料,作为纸浆的保护膜,来强化纸浆。我们身边常见的乳胶、画材店里的塑型膏、塑型胶等,都可以作为纸浆强化剂。

纸巾、洗手间卷纸等柔软的纸张,是特意使它松软,以便可以溶化在水里。反之,要想使纸浆结实,就要采用加进去一些特殊的树脂、胶之类的材料的手法。传统的淀粉糨糊是人类使用纸浆强化剂的智慧,糨糊也是我们身边最常见的、比较经济的材料，把糨糊直接溶在水里或与纸浆一起搅拌之后，抄出的纸或者用捞出的纸浆制作出的作品，其干燥后就会变得非常坚硬，如果做成一个圆形球体的话，甚至可以当足球来踢。

五、纸浆造型艺术的成型与创作技法

前面已经介绍了纸浆材料的种类、纸浆和化学药品的关系、制作作品时的道具及其使用方法等关于纸浆造型的基本知识。除此之外，纸浆造型艺术的创作还需要诸多的技法，与其他画种的艺术创作一样，纸浆造型艺术的创作，有着很多不同的表现技法，可制作平面的作品，也可制作立体的作品。

如平面的纸浆作品有不同的制作方法，主要是将不同颜色的、不同材质的纸浆结合在一起，像绘画时使用颜色一样，其中包括运用浇纸浆的"流动法"，将抄出的纸浆重叠在一起的"重叠法"，还有"漏浆法"，等等。

"流动法"的纸浆作品技法，就是利用"纸药"，水里添加了纸药后，水就会变得黏稠，状态像胶水一样。纸浆与纸药混合在一起后，其流动的速度会变得缓慢，会使纸浆均匀地分布在水中，也称"纸浆分散剂"，也增加了纸浆纤维之间的穿插度，使得纸张可以抄得均匀平整，增强纸的强度。流动法看似简单，但是根据纸药和纸浆的比例、加进的水的量等因素，其流动的状况是不一样的，这是需要一定的经验的，以避免在制纸作品的过程中，不能顺利进行。为了把握材料的性质，找出各种材料的特性，有必要不断地试验。

重叠法是利用不同颜色的纸浆，进行好几种色彩造型的重叠，再加上利用棉布、胶片、塑料板、人工纤维板等制作的纸型，根据作品的构成，利用遮挡的技法，让不同彩色纸浆流动在作品不同的部分，表现不同的造型。

接下来介绍一些纸浆造型的基本方式和技法，十分有趣，做出来的作品也让人振奋。很多纸浆造型艺术的作品，同时也可以在生活中使用，如灯具的设计，在课堂的教学与创作实践中，也可多次尝试纸浆灯具的制作。

下面介绍一些较为实用的技法。

1. 纸浆与其他材料的混合

在抄纸的过程中，可以加入各种纸浆以外的材料，制成不同感觉的纸张，呈现出纸张不同的"表情"。第一，加入树叶，我们身边有很多美丽的树叶，加入纸浆中，可以做出精美的纸。第二，加入稻草，将稻草加入纸浆中，纸变得较为粗糙，会降低质量，作为一种较廉价的纸张，可以大量生产，这种纸的原料来源充足，处理简单，产量也比较高。第三，混入竹皮的纸，与上述稻草一样，竹子的皮也可加入纸浆中使用。竹子的纤维比较短，有竹子原料的纸张一般都比较脆，常见的是毛边纸。第四，花瓣纸，将各种颜色的花瓣与纸浆混合在一起，可以得到意想不到的具有浪漫气息的纸张。

混色纸是将各种纸浆进行染色之后，再混合在一起。杂质在纸浆中没有去除时也会产生一种特殊的美感（图3-55）。

2. 纸浆水印技法

作为纸的水印，是我们最熟悉的，我们每天使用的钱币，一元以上的纸币里，都有水印图案，最明显的是一百元纸币中的毛主席头像水印。人们往往将纸币迎着光，测试是否可以看到图案，以验证钞票的真伪。每个国家的钱币，都会加入这样的水印技术，以辨别真伪。

图3-55 各种混入其他材料的纸张

西洋纸经常用金属网来进行抄纸，在抄纸时，如果运用细小的金属丝做一些小的模型放在抄纸框上，再进行抄纸，那么小模型地方的纸浆会变薄。透过光可以看到它的模样，运用金属或者其他材料，可以做成各种各样的文字与模型。这就是我们通常所说的水印，最常见到的有纸币上的防伪水印图案，有些手工纸上也印有制造者的姓名或标识（图3-56）。

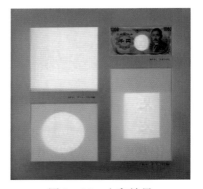

图3-56 水印效果

在古代纸中经常会见到有这些标识的纸张，这对我们研究当时的纸张有很大的作用。这种水印最早于1982年出现在意大利，在西洋的手工纸里面，其技法得到了发展。我们常见的这种标识一般是透明的，也有一种是黑色的。这种黑色与刚才所讲的技法相反，是将纸浆进行粉碎，然后用目数较大的金属网框按照一定的纹样将纸浆抄起，将其覆盖到另一张纸浆上即可得到。

3. 漏浆法

漏浆法是将纸浆填进做好的模具中，按照图形漏在纸面上。图3-57是制作作品时使用的金属模型，用较薄的金属片焊接在一起，将每一个图形分隔开。金属片的高度为1.5cm，根据不同的造型，弯曲成不同的形状，做成一个个格子状连接在一起，使纸浆能够固定在这个格子里。

纸浆放入水中后，是流动性很强的材料，为了使流动的纸浆不流到别的格子里，要牢牢地将金属模型固定在画面上，以免在制作时，金属模型浮起来，起不到分隔图形的作用。为了避免这种情况出现，需要在金属模型上加上镇纸样的物体，或四周用夹子固定住，以压住模型。

图3-58是将纸浆和水以及纸药，按照一定的比例，灌入到尖嘴瓶子里，将各种颜色的纸浆分别装入不同的瓶子里，然后根据所要的图形，一格一格地挤浇到金属模具里。使用金属模具，是为了能够批量地生产，如果是自己创作的作品，则不需要用金属材料的模具，不然模具的制作，会花费大量的时间、精力和财力，而只需要使用便捷的泡沫板就可以了，既便宜，又便于切割。劳申伯格、霍克尼等也都有采用这种方法制作作品。

图3-57 金属模型

图3-58 漏浆法的制作

在打浆时，即使将纸浆纤维打得再细，也不可能打出像绘画的颜料那样细小的粒子，因此用纸浆创作的作品不会制作得很细腻。如果要做一些细小的造型，要先制作出所需要的模具，一遍遍地重叠，不断地深入，也可以做出比较写实的作品。创作比较细腻的作品，要准备的工具有装油用的小瓶子、勺子、小型柄勺等，在生活当中会发现许多更适合的工具。

4. 纸浆浇画法（图3-59）

准备好框架，由于这个框子比较大，可以同时制作两张作品。加了纸药的纸浆比较稠，所以要铺3张以上的布，使水尽快地渗掉。为了使流动的纸浆不往外漏掉，要用一些夹子将框子固定在纸床上。

采用"流动法"，在彩色纸浆里加入纸药，多次将纸浆浇在木框里，这样才能均匀。按照自己所需要的纸的厚薄程度，将纸浆、纸药、水按照一定的比例配置好放入水桶或水盆中，可以多调制一些，以防不够用。然后用不同的方法浇入，如果有不太均匀的地方，用小勺子再补一下。

根据作品的构图，将一些不同形状的纸片放入各个位置。可以在浇好的纸浆上面滴一些水滴，做出一些肌理效果。为了固定纸片，可以在上面再浇一点纸浆。

　　浇上不同颜色的纸浆。因为已经固定了这些纸片，所以纸片不会被新浇纸浆冲掉。反复几次，浇上不同颜色的纸浆，使之产生一定的厚度。

　　等纸浆的水流光了之后，用镊子取出纸片，纸片的位置就会呈现其他纸浆的颜色。重复以上的操作，还可以加入其他颜色的纸浆，最后进行干燥，作品就完成了。

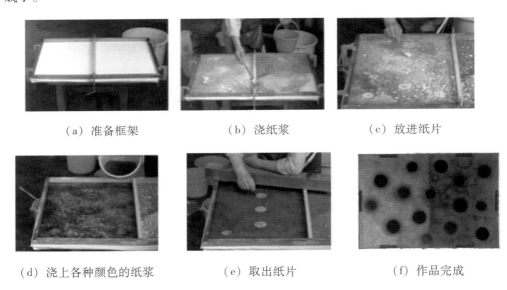

（a）准备框架	（b）浇纸浆	（c）放进纸片
（d）浇上各种颜色的纸浆	（e）取出纸片	（f）作品完成

图 3 – 59　纸浆浇画法

5. 镂空重叠法（图 3 – 60）

　　首先，把抄好的纸压在棉布上，起做底色的作用。再抄好一张白色的纸，尺寸与图 3 – 60（a）所示的纸张大小一致，然后在纸上面细细地抠空一些图形，为下一步做铺垫。与图 3 – 60（b）所示的一样，抄出一张红色并且大小跟前者一致的纸浆，压印在之前白色的纸上面。

　　在图 3 – 60（d）中，可以看到上个步骤的效果，一种抽象的画面，这样的做法跟套色版画的做法有异曲同工之处。这种技法也可以用在较大作品的创作上。

　　可以用这种技法将作品拼接起来，制作大型的作品。

（a）压好纸

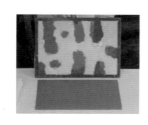

（b）继续抄纸并做出图形

（c）压上图形

（d）继续叠制纸浆

（e）得出效果

（e）拼制大作品

图 3 - 60　镂空重叠法

6. 照相制版法（图 3 - 61）

照相制版的技法在印刷和版画中经常被使用，我们在纸浆造型艺术中也可以使用照相制版的技法。照相制版的过程，与丝网印刷中的一样，将图片处理好后，打印在菲林片上，然后将丝网放在暗房中，刮上感光液，经过曝光，可制成丝网版。或者在抄纸框的金属网上，运用同样的手法，可以做出所需的图形。

在制作过的丝网版画上还会留有之前做过的作品，而且跟抄纸的网有相同的地方，如此，可尝试用丝网版画的网来抄纸。图 3 - 61（d），在抄好的白色纸底上把蓝色部分压上去。

用海绵吸干水分，轻轻地把丝网框掀起来，得出如图 3 - 61（e）所示的作品——指模（滨茂，2000 年，36.5cm×26cm）。

（a）丝网版

（b）抄纸

（c）准备印上

（d）印好　　　　　　　　　　（e）成品

图 3－61　照相制版法

7. 纸浆堆积法（图 3－62）

纸浆是不可思议的材料，因干湿而出现不同程度的收缩，可以产生意想不到的变化，使得作品有很强的张力，充分体现出纸浆材料的美感。

把打好的纸浆过滤出多余的水分，堆积在制作台上，纸浆的下方可以加入一些其他的材料，本作品是加进去一条树枝，用纸浆本身的浆料来做一个造型。

纸浆堆积好后，用丝网覆盖在上面，用海绵进行吸水，在海绵吸水的过程中，将纸浆压紧，使得造型固定。

让它自然干燥，作品会随着干燥的过程，渐渐收缩。收缩的纸浆和不收缩的树枝，会产生对抗，互相拉扯，形成意外的造型。得到如图 3－62（d）所示的作品——俄狄浦斯王（黑崎彰，2000 年，53cm×30cm×12cm）。

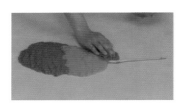 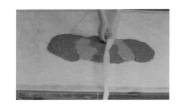

（a）做造型　　　　　　　　　（b）盖上丝网进行吸水

（c）干燥水分　　　　　　　　　（d）成品

图 3－62　纸浆堆积法

8. 线成型法（图3-63）

用抄纸框抄出的是一张纸，而用一根线也可以抄出纸浆，是一根根比线稍粗些的纸浆线，把这些线组合在一起，也可以做成一幅作品，更加自由，打破了纸的概念。

用细线在纸槽里面捞出纸浆，得到线形的纸浆，把它放在棉布上，一条一条地排列出来，横竖交织，得到如图3-63（c）所示的效果，然后用海绵吸干其水分，等它自然干燥即可。

（a）用线捞纸　　　　（b）编制成形　　　　（c）横竖交织成形

图3-63　线成型法

9. 型版法（图3-64）

型版法在很多民间艺术中都有运用，就是用一个较为硬质的材料，通常用油纸、金属版、化学版、木版等，雕出镂空花样，尤其是在传统印染上会经常使用。将型版覆于织物上，刮涂色浆而获得花纹的印花方法，又称镂空版印花。我们经常看到的蓝印花布等上面的图案，很多都是运用型版技法印染的。同样，在纸浆造型艺术中，型版法是一个重要的表现技法。

我们以泡沫板为型版材料，既经济，又便于切割，是最合适的材料。

首先要准备好与作品尺寸相同大小的画稿，再准备好与画稿中的图形同样大小的泡沫板。

针对画稿中的图案，把其图形描在泡沫板上，然后用裁纸刀切割下来，形成镂空版。

往镂空部分填充纸浆，可以用手，也可以用勺等工具，使之均匀。

覆盖丝网，用海绵把多余水分吸干。

在此基础上，再把做好的其他形状的泡沫板，按照画稿摆在合适的位置上。

可以把预先准备好的其他颜色的纸浆浇在所需要的位置上，这样可以不断地增加各种图形，使画面丰富。

等它自然干燥后，取出泡沫板。

经过干燥以后，纸浆会自然收缩，使之凹凸不平，再涂上金粉、铜粉和柿漆，便完成了作品——盗掘者Ⅱ（藤田忍，2000 年，127cm×70cm×10cm）。

（a）泡沫板

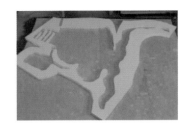

（b）切割出需要的造型

（c）浇上纸浆

（d）用海绵吸水

（e）装上配件对准

（f）浇上黑色纸浆

（g）取出泡沫板

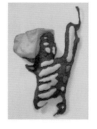

（h）成品

图 3 - 64　型版法

10. 沙袋立体技法（图3–65）

纸浆是一种非常柔软的材料，便于成型，具有很强的可塑性，运用纸浆本身就可以堆积出各种不同的造型，也可以借助不同的模具，使其成型。我们日常生活中有很多利用立体纸浆材料的案例，如作为填充材料的包装，纸浆易于适型而成，很多产品（如手机等）都利用纸浆对产品作适型包装，达到保护和美观的作用。

纸浆本身也可以开发出很多具有美感的立体产品来，由此而研发出的各种技法，也成为创意设计中的重要成果，下面介绍利用沙袋来进行纸浆材料立体作品的创作。

沙袋的制作非常简单，准备好布料，缝制成袋状，灌进沙子就可做成，而且沙袋也是一个较为柔性的东西，可以将沙袋再揉捏成不同的形状。

制好一个布袋子，其造型是作品的外形，填充满沙子在里面，封口。整理其造型。将准备好的浆料往沙袋表面铺层，自然地留下手指的痕迹。浆料附在袋子的表面，让它自然干燥，形成肌理。浆料干燥后，会与沙袋稍微分离，此时可把袋子里的沙子倒出。从纸浆中拔出袋子。做好的立体造型的纸浆与一些铁质材料组合，加上灯泡在里面，就有一种半透明的效果，并且成了一个照明工具——自然光（永野澈子，2000年，长30～40cm，宽40～43cm，高53cm）。

（a）填充沙子　　　　　　　　　（b）整理其造型

（c）往沙袋铺纸浆　　　　　　　（d）制作肌理

（e）倒出沙子 （f）取出袋子

（g）成品

图 3 – 65　沙袋立体技法

　　以上主要介绍了纸浆艺术造纸的过程、技法，纸浆艺术的可塑性很强，能创作出各种各样的作品，只要有创作的欲望，就可以用无限创意和熟练的技巧造出所想的艺术品。纸浆艺术作品的制作需要一个前期的准备工作和计划，这样才可以顺利地开展创作。纸浆这种材料源于自然，而我们身边都有着许多的创作灵感，只要多关注身边的事物，这些都可以运用在纸浆艺术上。纸浆艺术不单单是一种创作，不是单纯的绘画，其实也是身心劳动的结晶，只要在各个方面用心制作，其实是没有多少框架可以限制你的行动的。通过对纸浆艺术技法的学习，对制作纸浆作品时有很大的帮助，无论是在创意或者工艺方面，视野都开阔了。艺术的表现手法是相通的，可以感悟到艺术与设计之间有着巨大而微妙的联系，并带来心灵上的冲击。而手工纸的制作是非常有趣的，一些学校的兴趣班也有这个课程，让国家未来的栋梁尽早接触这个手艺，热爱这个行业，珍惜前人留下的瑰宝。

第四章　纸浆造型艺术在现代生活与设计中的运用

一、娱乐中的运用

　　娱乐被看作是一种通过某些动作来带动人的喜怒哀乐，并带有一定启发性的活动。在这些活动中，往往要借助一些手段和道具。而这些道具很多都是用纸材料制作的，如音乐舞蹈表演、戏剧中的舞台布景、各种比赛与游戏中的道具，等等。几个要好的朋友到聚集活动的场所参与娱乐，融入其中并带来不同的感受，会让人暂时忘记现实，好的舞台能让人进入一种梦幻的境界，而精彩的游戏更是使人们投入其中。

　　我们会在很多古代的书籍中，或在表现古代文人雅士的喜剧电影中看到那些文人墨客在聚会时，经常将当时的兴致通过文字和书画表现出来，主人会在家中常备笔墨纸砚，或者就直接运用各自手中的折扇（图4－1）。这些纸张或折扇都用料讲究，做工精致，为我们留下了很多精美的作品。邻国日本也受到中国文化的影响。平安时代，贵族之间流行歌唱，这些歌词都要写在纸上，这些写有歌词的纸统称为歌词册，这些册子图文并茂。通常大家会聚在一起在这个册子上写诗句，然后一起吟诵，日本将这一活动称为"百人一首"，往往由主持人提出一种主题由大家一起歌唱，是家族和朋友的聚会上的一种主要的娱乐形式（图4－2）。

图4－1　清代的折扇　　　　　图4－2　三十六人家集（日本平安时代）

　　纸牌（图4－3）作为一种常见的娱乐方式，有着悠久的发展历史，其发源地目前没有得到有关方面的证实。在古印度和中国以及日本等国家都出现过纸牌，娱乐方面包含麻将、扑克、牌九、塔罗牌等。我国是多个纸娱乐方式的发源地，如麻将和牌九，这些纸娱乐形式多数是用木刻板雕刻印刷而成的（图 4 - 4）。通过这样的方式可以复制出很多纸牌，但是仅限于同一种花色。由于人们常用这些赌博，故被官府屡屡禁止。

图 4 - 3　我国古代纸牌① 　　　　　图 4 - 4　制作纸牌的模具②

1. 玩具中的运用

玩具经过现代机械化批量生产，已经完完全全摆脱了手工制作。在材料方面，多采用易于造型和安全性能高的塑料和橡胶。各个国家的传统工艺都慢慢地退出了市场，如泥塑、布艺、纸艺、编制等工艺。如今还可以常见的纸浆造型玩具应数纸灯笼和风筝，纸材料玩具逐渐消失，无疑是种损失。

我国古代的民间玩具充满着浓郁的神秘色彩，一方面益智且有传统文化的影子，另一方面材料和题材多样化。民间玩具在我国是作为工艺美术形式而存在的，并在很长的时间里受到吉祥文化的影响，使其既有娱乐性与趣味性，又多了一份祈求性。民间玩具的制作形式很多，但纸艺玩具不多见，主要有风筝、纸拉花、灯笼、折纸、面具等。

纸拉花在今天并不多见，然而在 20 年前可谓是每逢喜庆日子，必用其来装饰空间。尤其是将纸拉花做得很长更是考验制作人的手艺和耐心，并且不能使用太厚的纸张，所以在剪的过程中最应注意的是不将其剪断。一般的制作过程是将正方形的纸张对折两次或两次以上，用剪刀从小角处开始剪，不能剪断，可以反复剪多几次展开，即可完成一个简单的纸拉花（图 4 - 5）。

风筝古称"风鸢"，南方叫"鹞子"，北方称"纸鸢"。风筝的取名源于唐代，因当时鸢首系竹哨，风吹鸢起，发声如筝，因此而得名。风筝带有求福、长寿、吉祥等美好的寓意。我国制作风筝的历史悠久，在五代时期就已经出现，现

---

① 　图来源于 http：//www. gucn. com/Service_CurioStall_Show. asp？ ID = 8711775.

② 　http：//www. gucn. com/Service_CurioStall_Show. asp？ ID = 8711775.

图 4 - 5　纸拉花①

在还保留着做风筝传统的地方有北京、天津、山东潍坊、江苏南通等地，包罗了南北两大地区，制作方面各有特色。风筝的简单制作方法是，用竹条做骨架，形状自由，在每个竹条接口处包裹一层纸，以便其定型，再为风筝贴封面，完成之后可以上色和安装线（图 4 - 6）。

　　灯笼在古代是一种照明的工具，它的由来没有一个准确的说法，应该是在东汉出现纸张之后。现代的照明方式已因电的发明而改变，普遍使用电灯泡来照明。灯笼在特定的节日，担起的角色也有所不同。中国的传统节日比较多，元宵节是灯笼的主场，在这个节日里不论古今都会悬挂灯笼，还有灯会这样的主题晚会。在古代灯会上的灯笼都是各式各样的，形态各异。小孩子们也会上前一起玩耍，大人们会制作一些卡通式的灯笼让孩子们尽情地玩耍。灯笼的制作方法和风筝有类似的地方，都要使用竹条和纸张。先用竹条制作一个骨架，固定好后用薄纸定住，待干后再用纸贴在上面，这时选纸一定不能太厚，否则不透光，制作完成后根据需要画上图案（图 4 - 7）。

图 4 - 6　纸风筝②

图 4 - 7　纸灯笼③

①　图来源于 http://l.b2b168.com/2010/11/11/15/20101111154213811777.jpg.

②　图来源于 http://skodamagazine.com/201208/13.html.

③　图来源于 http://www.taiwanlantern.com/lanternpic/japan/C07.jpg.

折纸，中国是纸的发明国，但在折纸方面不及日本。中国折纸的出现时间并没有一个具体的记载，大致只知道是在造纸术出现之后。日本折纸文化的兴起是源于礼品的包装，"根据日本史料记载，室町时代（1336—1573）盛行用纸去包装。朋友之间互相送礼，且礼物的包装在当时显得尤为重要，纸在当时也是非常金贵的东西，用纸包装更显出赠送者对物品的珍惜。用纸包装的过程就叫作折纸，因此形成了折纸文化"。① 折纸是一件特别有益于人身心健康的活动，但多数人对折纸的印象仅停留在孩童时代玩过的纸飞机、纸船、千纸鹤等，对现代折纸却鲜有关注（图 4 - 8）。

（a）　　　　　　　　　　　　　（b）

图 4 - 8　折纸作品（作者：神谷哲史）②

面具，不管是欧洲还是亚洲，纸面具的制作方法基本相同，如意大利威尼斯的纸面具。在纸面具上还经常配上各种装饰物，在狂欢节上使用。欧洲佩戴面具还具有另一种功能，即隐藏身份地位，在社交舞会上戴面具，更能使人不受日常习俗的约束（图 4 - 9）。

与纸面具制作方式相同的，还有各种玩具（图 4 - 10），除了在纸面具上施色，还在纸面具上粘贴上胡须、稻草、羽毛等，使其造型更加具有层次感。在中国，以十二生肖为主题的纸玩具，多年来一直在民间流传，而现在很多收藏家也爱好收藏纸玩具。今天，我们的生活越来越丰富，年轻人经常举办庆祝节目的聚会，面具的使用非常广泛。

---

① 清水寿明. 太阳［M］. 日本：平凡社，1999：12 - 100.

② 图来源于 http：//www. folders. jp/g/2002/0207. html，http：//www. ideaxidea. com/archives/2007/11/eric_joisel. html.

图 4 - 9　欧洲面具　　　　　　　　　　图 4 - 10　纸玩具

2. 书籍中的运用

书籍要用到纸（图 4 - 11），每一本书籍的纸张，在书籍装帧设计师手中，都会进行精心的设计，内容是书的主题，但纸张的运用对内容的烘托，也起到不可忽视的作用。

（1）手工书

由于现在网络发达，纸质版的书籍越来越受到冷落，这更引起人们对书籍纸张的需求，需要用更多的新意去表达内容以外的概念。时下，手工书作为人们一种新的追求（图 4 - 12），具有亲和感的手工书，纸张可以自己做，既可以做得朴素，也可以做得华丽。它不只是一本书，放在书架上，也是家里的一个装饰，而且作为礼物，又可以达到意想不到的效果（图 4 - 13）。

手工书融入艺术的灵魂，体现出手工制造的文化意象和社会意义，如果是自己动手制作手工书，那将是世界上唯一的一本属于自己的书籍。

图 4 -11 纸质书籍的装帧　　　图 4 - 12　制作手工书　　　图 4 - 13　各种手工书

现代装订技术与古代的装订技术是不同的，线装是运用线和纸装订的技术，这是一种复杂的手工装订法。现在是机械装订，所以手工装订渐渐消失，现在只有一些仿古的书还使用这种装订方法。但是这种线装本的美感以及耐用程度和翻页时那种柔软的触感，是东方书籍所特有的。这与东方纸的特性是紧密相关的，这种线装本的工序可以分八道。

第一道工序：折纸（图4-14）。根据线装本的印刷，一个版印两页，并且将折页的部分也印在纸上。然后再依照记号进行折页，折过之后称为一丁。

第二道工序：排序（图4-15）。将刚才折页分组的纸张排放在一起。

图4-14　折纸　　　　　　　　　　　　图4-15　排序

第三道工序：压平（图4-16）。

第四道工序：贴角（图4-17）。在每张纸的每个角用糨糊粘贴一下，这是一项非常细致的工作。

第五道工序：封面（图4-18）。

图4-16　压平　　　　　图4-17　贴角　　　　　图4-18　封面

第六道工序：穿孔（图4-19）。

第七道工序：装订（图4-20）。在纸的上下装订处，用线缝制两层。

第八道工序：贴标签（图4-21）。在外表贴上各种标签。

图4-19　穿孔　　　　　图4-20　装订　　　　　图4-21　贴标签

书籍是记录人类文明的重要载体，人类自出现以来就有记录生活事件的习惯，这个和纸的发明是息息相关的，也因为纸的发明将这种生活记事习惯普及开来。这种记录也为我们提供了当时的各种资料，比如说寺庙的祭祀和法事的记录。家庭活动、年历、备忘录、户口本、通讯录以及商家的记账本，这些都是用纸来记录的。

（2）纸与刻工印工画工

纸的发明促进了印刷的发展。尤其在东方，以木刻为主的圣经和佛像的传播使得以纸为载体的版画诞生。中国现存最早的版画作品是《金刚经》（868），现藏于大英图书馆。日本现存最早的版画是 1047 年的版画，在京都净琉璃寺的阿弥陀像版画，是较早的版画之一。宋代的禅僧将阿弥陀像进行了复制。欧洲到16 世纪受到教会的影响，使得基督教的版画得到盛行。

中国版画的兴盛是在明朝，鲁迅先生说："明代是中国古代版画的盛期。"尤其是在明朝的万历年间，由于小说和戏曲的空前发展，使得读本广为流传，书籍印刷的发展到了一个高峰期。创立中国雕版印刷黄金时代的南京十竹斋，创始人胡正言（1584—1674），正是在中国宣纸走向成熟的明代，发明了饾版、套印等水印版画的技术，培养了大批的画工（负责绘画）、刻工（负责刻版）、印工（负责印制），一举奠定了中国水印版画的基础，并影响了世界的雕版印刷，尤其是当时的高丽、日本、东南亚等地。

日本版画的兴盛是在江户时代（1603—1867），源于日本浮世绘木刻版画，虽然比中国晚了近二百年，但浮世绘大多是十多版的套色，将彩色版画发展到了一个新的高度，出现了铃木春信、鸟居清长、喜多川歌麿等人的作品，博得了众多的人气。画工、刻工、印工的技术与心灵通过纸张给我们留下了历史文化的精髓。

人类与书籍的关系是从写经开始的，随着印度佛教的传入，为了在中国能够进行简单的书写和阅读，发明了将纸连在一起的长卷。在长卷的开始和结尾处用木头或骨头制成轴，就是我们常见的轴卷。一般的轴卷开始的部分采用丝绸做的绢来装裱，我们将此称为绫子。隋唐时代就出现了很多这样的长卷，宋朝以后才出现我们所看到的线装本，这是东方以纸为材料的印刷物的代表形式。

3. 包装的运用

运送物品或者保存物品的时候，往往其包装的状态体现了物品的价值。物品的包装材料除了木头、金属、玻璃，运用纸材料包装自古以来占据了重要地位。纸材料既柔软又结实，而且能起到保护物品的作用。纸易于成型，又具有亲切的质感，并且适于印刷各种图案，传统中多数以木版印刷为主。尤其对于食物的包装，纸材料让人们更觉得安全和新鲜。工业纸的研发，更增加了纸的强度，如现在的月饼和酒水的包装，以及网络快递的发展，纸壳更是不可缺的包装材料，其造价也便宜，质地轻盈，更是包装的首选材料。我们身边最常见的包装电器的填充材料，如手机包装盒（图4 - 22），就是运用纸浆模压成的，我们每天都可以看到很多这样的包装。

图4 - 22　手机包装盒

二、宗教仪式中的运用

1. 宣传中的运用

　　谈到书籍，自然就要谈到传播，历史上任何一个国家，其早期的文化传播，都是伴随在宗教宣传中进行的。

　　宗教作为一种精神寄托，在各个国家都有着不同的发展形式。佛教与基督教以及其他教会的宣传，都离不开纸张的使用。以佛教来说，纸使用量最大的是经书，在没有印刷之前，经书全部依赖手写。对于纸的改良以及研究目的都是为了将经文保存和流传下去，以日本的印经书来说，天武天皇672年，当时由于经书的普及，从中国输入了大量的纸张，中国的纸张柔软细腻、适宜书写，但不易保存，尤其对于每天需要念经的人来说，这种纸寿命不长，因此制造结实耐用的纸张成为当时最重要的事情，出现了大规模的政府经营的造纸厂，为日后和纸的成熟提供了扎实的基础。可以说在东方，佛教的传入给造纸业的发展提供了空间，抄写经书和印经书促进了纸的改良。

　　727—780年这50多年里，出现了楮树纸、雁皮纸、麻纸，也有了很多的造纸产地，纸的颜色多种多样，有黄、白、红、紫等色。纸的形状、纸的用途被分门别类。当佛教的用纸达到了高峰，经书已不只是单纯的白色纸张，对经书的美化，将纸文化与佛教文化完美地结合到了一起。仅日本的正仓院文书所记载的纸张种类就有38种，每个种类又细分成多种样式，有以颜色区别的，有以染料区别的，同种颜色中还有深色和浅色之分，现今还保留在正仓院的纸张有262万张以上，经书的纸大部分都是黄色的。正是因为从黄檗树皮中提取的染料具有防虫的效果，有利于经书的保存，现在还可以看到很多黄色的纸钱。在手工制作的纸钱上贴上金箔和银箔，再施以宗教祭祀相关纹样进行木版印刷。

　　西藏号称世界屋脊，居住在喜马拉雅的高地人，在很早以前就开始使用纸。唐代造纸工匠来到西藏，开始在当地造纸，主要是为了印制佛教的经书，西藏的经书由一片片细长形的纸片做成，用木笺或竹笔书写文字，纸张较厚，其材料多为麻和楮树皮等。材质粗糙的纤维，原料用石头捣碎，用纱布进行抄纸，纸面上常留有纱布的肌理，喇嘛用的经书的纸要更厚一些，一般民众用的经书的纸较薄一些，纸抄好之后将表面磨光，然后进行文字的书写（图4-23）。

图4-23　清代手书梵文藏经，36.6cm×11.5cm×8.1cm①

由于现代印刷术的发展，手工的经书已经越来越少，现在中国的四川西部德格县的德格经院是西藏佛教文化的四大经院之一，其经书的原版藏量居于四大经院之首，至今还保持着最原始的造纸和印经方式。德格藏纸的原料有两种，一种取自于德格附近生长的"瑞香狼毒草"，藏语称为"阿交瑞交"，这种植物分布十分广泛。另一种叫"阿朗"，是一种树的树皮。这两种原料的纤维都带有毒性，许多藏民一生只用一本经书，至死经书还基本完好。这完全是由于这两种造纸原料的独特性而造就的，它们可以杀菌、保护眼睛、防潮、防虫等，德格藏纸成为我国经书用纸的优秀品种。

2. 礼仪中的运用

我国虽然是多民族的国家，但汉族人仍占大部分，从古至今汉族人民形成了诸多风俗习惯，纸在汉民祭典和礼仪运用中占有相当重要的地位。将纸裁剪后，可做出各种生活中常用的器物造型，如衣服、人像、钱币、动物、房子，等等。汉代，人们在举行葬礼时，陪葬用品都采用真人真物，这给社会和人类都造成很大的损失。南齐（479—502）的东昏侯（483—501）为了改变这种情况，提出了以纸代人代物，这种习俗一直保留至今。

人们在庙会和祭日上，为了感谢神的恩赐和祈祷美好的未来，会制作很多具有象征意义的物品。其中最主要使用到的材料就是纸，其造型多种多样，涉及昆虫、花鸟、人物等。以中国、日本、韩国为代表，在传统的祭日中，呈现出很多精彩的作品。中国的庙会中经常出现的灯笼、狮子、彩灯、走马灯、孔明灯，还有日本著名的青森夏日记中巨大的彩灯车都是纸艺术的代表作品。大型的彩灯车，具有几十米长，用木头、竹子、金属丝做骨架，为了防水，将纸先涂上蜡，再贴在骨架上，

---

① 图来源于http://www.gucn.com/Service_CurioStall_Show.asp? ID=691122.

再根据造型进行绘制。往往用来表现古代的神和神话故事，几十台大型的彩灯车夜晚行走在街道上，烘托出威武雄壮、华丽丰采的形象。

人们在寺庙供奉神灵时，除了有一些食物的摆设，利用纸材料制作的各种装饰更给寺庙增添一种神秘的色彩。祈求平安、躲避灾难等祈祷的文书，也都是将各种图案用木版印刷在纸上，作为寺庙的回赠，施舍给信徒及祈祷者。人们求得的纸片和木片签文中，纸片签文占有一定的地位，因其便于携带和扎在树上。节日、婚礼、葬礼等场合，纸做的手信袋可以成为人们表达心意的礼品。

三、戏剧中的运用

1. 戏剧中的面具

纸面具一般与节日祭祀有着很大的联系，纸材料的面具在东方，自古以来有着很广泛的运用。纸面具根据不同的人物有着不同的造型，甚至还有飞禽走兽等不同种类的动物纸面具，在亚洲很多地区都有自己的风格和特色，多见的是扮演神灵的纸面具以及带有宗教色彩的纸面具，这些面具不只是在生活中使用，还在舞台、节日、祭日等大型场面中使用，往往成为人们注目的焦点。其造型多种多样，有表现古代传说的神灵，祈求上天保佑的龙凤，还有在供奉神灵的地方放置动物的面具，还有很多供孩子们玩耍的可爱面具。它们都具有很浓厚的乡土气息，造型简洁，色彩鲜艳（图4-24）。

纸面具的制作，一般是在木头、泥土或石膏等硬质的物体上雕刻塑造制成模具，使之成型，再将抄好的纸张裁切成小片，一张张沿着成型的模具贴上，一般要重叠很多层，使之具有一定的厚度，等干燥后，将纸模取下来，再根据形状手工施予不同的色彩，即制成既结实又轻盈的面具，再在面具的边缘拴上绳子即可套在头上，供人们使用。

图4-24　纸面具

在我国这个多民族的国家里，有很多少数民族地区使用纸面具进行节日祭祀。贵州的布依族面具戏就是其中的一个代表，如今懂得表演这种面具戏的人并不多了。布依族的面具戏，保持着乡间的民俗传统，在演出时会配上民间的打击乐器，如钹、锣、鼓等，这样的表演完美地产生了视觉和听觉效果。面具戏表演用的面具一般是老艺人用皮纸一层层地在泥胎模型上手工制作而成的，成型后再绘上各种不同的脸谱，有孙悟空、猪八戒、唐僧、沙僧、白骨精、村姑、老妪等脸谱（图 4-25）。

图 4-25 布依族的面具①

2. 戏剧中的道具

纸与舞台有着密不可分的关系，尤其是在古代戏剧中，道具主要的材料有木、竹子、纸，这些不需要花费很多的金钱，只是在设计与制作上花费些精力，尤其是日本的歌舞伎舞台，将纸材料运用到了极致。纸在舞台上的使用，可以说是千变万化，它可以做成树，做成岩石，做成雕塑，编成马、雪、花等。由于纸的柔软性，可以根据舞台的不同用途任意改变形状，或朴实或华丽，点缀着舞台的各个角落。从造型上说，可以做成各种各样的形状，将数张纸粘贴在一起，这样可以增加纸的硬度，从而做成各种形状的道具，如岩石、花瓶、面具等既轻便又结实，便于携带，不易破损。

模仿下雪的景色，可以将纸切割成碎片撒在空中，这些碎小的纸屑飘落在舞台中，给剧情增添了浪漫的色彩。剧中情节时而欢乐，时而悲伤，小小的纸片就能调动观众的心情。纸除了作为背景运用以外，还可以直接用作书信。在早期戏剧中使用的信件、扇子、伞也都是用纸做成的，以及灯笼等都是戏剧中不可或缺的道具，尤其是在日本的歌舞剧中，经常出现室内的场景，其拉门、墙壁上的壁纸等较大型的道具，也要用到纸。传统戏剧中还经常用到纸衣，可见戏剧中对于纸的运用，体现在各个方面，不只是道具的使用，也包括情景的渲染与塑造。在

---

① 来源于百度图片。

日本戏剧里有一个动作必须要用到纸，那就是武士将刀拔出刀鞘后，需要用纸来擦一下刀，然后再将这个纸扔出去，这一连串的动作是作为一个武士演员非常重要的一个表演。这种表演在日本歌舞剧中是一个非常经典的动作。

纸，从宗教、仪式、书籍、娱乐、玩具等方面来表达人们真实的精神情感。宗教，纸于经书和其他装饰品和道具的运用，从经书的发展和教会的宣传，再到印刷普及之后经书用纸被大量使用。仪式会场和迷信场合以及祭祀和丧礼上，人们采用"纸形式"表达对某个对象的美好愿望与祈求，以及庙会上举行的各种主题典礼，以纸灯笼、纸彩车、折纸等形式出现。玩具和娱乐，讲述了人们的娱乐和玩耍的方式，如纸牌和歌词本，以及纸风筝、纸拉花、纸灯笼、折纸等。书籍，包含了书籍装订和书籍的使用范围，还有与书籍相关的印刷与版画。可见，纸已深入我们的生活，成为人们物质生活和精神生活的方式之一。

四、军事中的运用

在我国古代，纸也曾被用于军事方面，包括侦察、测距、越险、载人等。完成这些任务，主要采用的形式是纸鸢，纸鸢也表示风筝，起初是被用于军事而非娱乐。南北朝时，纸鸢被当作通讯信号，向外求助，历史记载，"《资治通鉴》一六二卷：梁太清三年，台城与援军信命久绝，有羊车儿献策，作纸鸢系以长绳，写敕（chì）于内，放以从风，冀达众军"。[①] 汉代时，楚汉两军交战，汉军将领韩信（公元前231—公元前196）曾令人制作了一批大型的纸鸢，并且在上面安装了竹哨，在天黑之际将之放入空中，借助风可以发出奇怪的声音，借此打击楚军的士气。另有明代，在纸鸢上安装炸药，依照"风筝碰"的原理，引爆纸鸢上的引火线，达到杀敌目的。

在军事上更有用纸浆做的铠甲，这是军事上的一种护身甲，这种铠甲并非全部采用纸浆，而是与硬布共同制作的。用纸浆材料来做铠甲的主要原因有两个，第一个是铁器容易生锈，第二个是纸浆比其他的材料要更加轻便。铠甲的制作是一个比较复杂的过程，明代朱国桢在《涌幢小品》中记载了古代铠甲的制作方法："纸甲，用无性极柔之纸，加工捶软，迭厚三寸，方寸四钉，如遇水雨浸湿，铳箭难透。"能看得出纸浆所做的铠甲不仅轻便，而且可以抵挡雨水和箭等。

在纸衣实践研究时，进行了纸的强度实验，通过纸浆与魔芋的结合，可以做成结实的纸。这种纸在20世纪初期的军事上被多次使用，当时最著名的就是气球炸弹。在第二次世界大战时期，日本为了轰炸美国，曾用纸制造了气球炸弹，

---

① 司马光. 资治通鉴［M］. 第162卷，http://www.laomu.cn/xueke/2012/201205/xueke_352902.html.

试图升到10000m以上的空中，顺着气流飘到美国。这种炸弹是用纸做成的巨大的气球，并在其下方挂着炸弹，使用一定的电力将其升空至10000m，经过精密的计算，正好在电力消耗后可以准确地落在美国，从而给美国造成打击。这个巨大的气球是使用手工纸做成的，这种手工纸长近2m，宽有0.6m。制作时要根据气球的形状，设置大大小小不同尺寸的纸张，将纸拼贴起来，制成巨大的气球。这种用纸，要求纸的纤维既细密又有强度，再涂抹魔芋糨糊。当时这种巨型气球是用空心铁棍搭建的骨架，将纸张沿着骨架拼贴在一起，在制作过程中空心铁棍中间要通热气，并使拼贴在铁棍周围的纸迅速干燥。这样的纸要贴两到三层，每一层纸张都有不同的变化，这样做出的气球如同皮革一样结实，既轻盈又防水，制造了当时轰动一时的气球炸弹。

五、家居生活中的运用

1. 装饰中的运用

（1）壁纸的运用

壁纸是以纸材料做成的具有艺术造型的装饰用品，在室内起着很重要的装饰作用，通过壁纸的纹样和色彩可以改变居住环境的气氛（图4-26）。壁纸在欧洲非常流行，现在可以看到最早的是1581年以云纹为图案的壁纸，它们是在手工纸的基础上运用水漂法做成的华丽壁纸，制作方法是在水面上滴上各种颜色的油彩，利用针或细小的棍子将水面上的油彩做成各种花色，然后把纸覆盖在水面上即可将油彩吸附在纸上（图4-27）。这种技法最早出现在15世纪的印度和波斯，16世纪传入欧洲，英语称作"paper marbling"。16世纪的欧洲由于海运发达，在意大利、法国、西班牙、荷兰、德国盛行开来。这种技法不只运用在壁纸上，也运用到包装、书籍装帧等方面，还运用在布上。现在室内运用的壁纸虽然已经是机械化制造，纸材料也多为化学材料，但源自手工纸的水漂技法仍在沿用。在东方，这种水漂的技术，所使用的颜料是水性颜料，在中国和日本将这种技法称为墨流法。中国的宣纸以及日本的和纸具有很强的吸水性，其产生的效果与欧洲的壁纸是截然不同的。现代很多艺术家，直接用纸浆做壁纸来装饰室内，他们不只用颜料，有些还用各种颜色的纸浆制作成不同的纹样，与其说是壁纸，不如说是艺术作品。

图 4 - 26 欧洲风壁纸

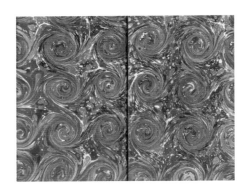

图 4 - 27 欧洲湿拓法的壁纸

（2）窗纸的运用

在北欧有很多用纸做的手工艺品，北欧有着漫长的冬天，人们有着运用各种材料进行手工制作的传统，漫长的冬天让人们习惯了家中的生活。他们会用身边可找到的一些纸和木头等简单的材料来消磨时间，让生活变得更加欢乐和丰富，于是出现了很多运用纸制作的装饰作品。这些作品并不复杂，材料也非常廉价，其中发安德森的剪纸是北欧特有的，多为左右对称的图形，有风景，有人物，有花鸟等与生活相关的题材，这些都是在漫长的冬天夜晚中完成的。在北欧的丹麦经常可以看到纸挂装，纸挂装是挂在窗边的一种装饰，通常采用比较可爱的造型，颜色比较淡雅，一般是淡淡的蓝色和粉色，因为北欧较为寒冷，所以窗户设计得比较小，造成采光效果不好，这些浅色的装饰能够为家中增加明亮的感觉（图 4 - 28）。

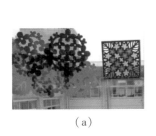

（a）

（b）

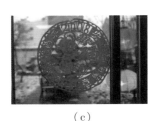

（c）

图 4 - 28 各种窗花

除了这种窗边装饰用纸，还有家中常用的餐巾纸，北欧的餐巾纸有着非常温馨的色彩与图案。说起餐巾纸，人们多数使用的是没有图案的白色纸巾，在用餐时频繁使用，但是很少人会注意到餐巾纸的美感，这是因为人们生活的节奏不断加快，以至于无暇顾及。北欧生产的这些餐巾纸也是与他们慢节奏的生活有很大的关系，这些餐巾纸往往出现在咖啡馆等人们休闲的餐厅中，单纯的图案、鲜艳的色彩具有很强的装饰性，甚至有些餐厅提供白色的餐巾纸，并且在每个餐桌上都摆放着蜡笔等绘制工具，在就餐之余尽情绘制自己的餐巾纸，就餐的同时伴随着美好的梦想。

2. 家居中的运用

　　用纸做的被子，被古代人们广泛使用。《五代诗话》中记载："李观象为节度副使……乃寝纸帐，卧纸被。"南宋时期，楮纸的发明与使用，使得树纤维得到大量使用，利用其柔软洁白、耐破难撕等优点，将多层楮皮纸缝制成被。并且这种纸被不仅有耐用的特性，还特别保暖。陆游《谢朱元晦寄纸被》可以证明，诗曰："纸被围身度雪天，白於狐腋软於绵。"更有徐贲的《纸被》中这样写道："文采鸳鸯罢合欢，细柔轻缀好鱼笺。一床明月盖归梦，数尺白云笼冷眼。披对劲风温胜酒，拥听寒雨暖于绵。赤眉豪客见皆笑，却问儒生直几钱。"可见纸被使用普遍，为我国古代人们的智慧添上精彩的一笔。

　　唐宋时期，在文人雅士间流行一种纸做的帐子（图 4 - 29）。这种纸帐是围绕卧床而设计的，在卧床的四角竖起四根柱子，上面架一个顶罩，在顶罩和卧床两侧及背面用纸蒙起来，正面再挂一个帘子，这样就基本上完成了一个纸帐的制作。宋代李清照《孤雁儿·藤床纸帐朝眠起》："藤床纸帐朝眠起，说不尽无佳思……一枝折得，人间天上，没个人堪寄。"这种用纸做成的帐子有很好的透气性，并且可以配以图案增添其清雅。宋代，常见的是梅花帐，是一种配梅花的纸帐。宋代陈三聘《朝中措》说道："朝来和气满西山。挂颊小阑干。柳色野塘幽兴，梅花纸帐轻寒。"可见纸帐已成为文人雅士们空闲和睡觉时吟诗作赋的对象，充分利用到了纸的优势。

　　日本也与中国一样，有运用纸材料制作蚊帐的传统（图 4 - 30）。

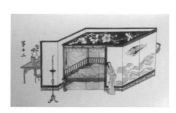

图 4 - 29　中国古代绘画中描绘的纸蚊帐　　　　（a）　　　　　　　　（b）

图 4 - 30　日本的纸蚊帐

在日本，运用纸与漆的结合，可以使纸材料更加坚固，既防水又耐用。如明代的飞来一闲（1578—1657）发明了以纸和漆为材料的各种家具用品，他将这个文化传入日本，先用木材做出造型，将纸一层层贴在上面，然后用漆一层层涂上去，待干后将纸取下来，做出各种盒子、盘子以及箱子，创造了一种贴纸技法，他的后代们也一直沿用这种技法，现在还在制作，深得人们的喜爱，甚至用这个技法制作出了凳子和桌子。用纸材料制作的家具也更安全，比木头和金属更有隔热的效果，可以给人们带来舒适的感受。纸与漆一层层涂抹和粘贴使得这些家具的表面既有很丰富的肌理，又具有韧性和弹力，使家具的表面既能承重又不易破损，体现了深厚的东方文化。

纸本身是一种既柔软又易破的纤维材料。将它们搓揉成线，再编织在一起，可以抵抗一定的外来压力，将其与漆等胶性物品相结合，更能增加其耐抗的强度，而且易于成型，较之木头和金属更容易造型（图4-31）。用纸材料做成的各种装饰盒，更是闺房中女性们的爱物，造型简洁，图案多彩，制作简单，是古代女性们首选的消闲之物（图4-32）。

图4-31　纸胎的漆盒

图4-32　纸材料的装饰盒

在家居里面还有重要的门、窗、屏风，在没有玻璃的年代，主要用的材料就是纸。纸材料用于空间分割的门、窗、屏风等，既可以保暖，又是室内装饰的重要元素。其具有透光性，更给室内营造一种温暖和谐的气氛。往往选择较长的树皮纤维来制造，可以增加硬度和耐用性。纸材料易于施墨赋彩，古代给我们留下了诸多艺术效果极高的图案和艺术作品。尤其是在屏风（图4-33）上出现的各种绘画作品，将纸艺术带入了艺术的高峰。

现代家居中，对于纸张的应用逐渐减少，但是纸材料的美感，依然是现代空间设计中，人们最喜爱和向往的装饰材料。在很多高档的餐厅和公共场所中，以纸为材料制作的装饰，为空间营造出华丽、斑斓柔和的气氛（图4-34）。在日本有以纸为材料的环境设计公司，他们的作品在各种高档的公共空间中结合灯光以及日光的变化让观者流连忘返，他们与造纸工房合作，利用冲、浇、滴等技法，呈现纸张不同的厚薄，以产生出微妙的透光效果。犹如一个装置作品，悬挂在空间的不同位置，白天与夜晚，日光与灯光使得同一个空间的 24 小时都有不同的变化。让人们感受着艺术带来的新颖和奇妙，满足了当今人们的视觉审美，使得人们置身于幻想和现实的交错之中。

图 4 - 33　屏风

（a）　　　　　　　　（b）

图 4 - 34　餐厅中的纸材料装饰设计

3. 照明中的运用

纸灯是一款东方文化的产物，中国、日本、朝鲜等国家都有着悠久的纸灯文化。灯具的发展主要形式有纸、青铜器和陶瓷等，后两者虽然不容易点着火引起火灾，但其透光性非常差，造价又高，工序复杂。纸灯的使用在我国古代有相当长的一段时间，也扮演过多种角色，如照明、节日装扮、空间摆饰、娱乐等。作为纸和光的结合，在东方以及其他国家的历史中，有着广泛的运用。尤其是在屏风和纸灯笼上的巧妙运用，是最具代表性的，孔明灯更是聚集了艺术与科学的精髓（图 4 - 35），人们通过纸与光来传递更高的境界。

（a）　　　　　　　　　　　　　　　　（b）

图 4 - 35　孔明灯①

　　用来制作孔明灯的材料要选择质密、不易燃、较轻的纸张，而孔明灯也有多种颜色，如红色代表喜庆，白色代表健康，橘色代表财富，黄色代表事业，粉色代表爱情等。微微火光透过薄薄的纸张依稀可辨，从远处看，星星点点。纸灯笼以红色和白色居多，我国逢年过节依然大红灯笼高高挂，以营造喜庆的氛围；在东方，白色被认为是圣洁的象征，日本有很多神社和商业区都遍布着白色的纸灯笼，营造出一种神秘的美感，此外很多餐馆门口也悬挂红色和绿色的灯笼来区别餐馆的功能。当然，现在多种颜色和材质的纸灯笼也应运而生，如富有民族特色的东巴纸灯。

　　纸灯的发展趋势和纸发展的进程一致，做纸灯需要好纸并且要求透光性强和耐热好，我国的宣纸、东巴纸，和朝鲜的高丽纸以及日本的和纸都是比较适宜做灯的纸。如今已经不用纸灯来照明，但它依然存在，多数用于烘托节日气氛以及装扮特定需求的空间（图 4 - 36）。我国的元宵佳节，灯笼是必不可少的物品，除了用它来表现节日的氛围，还用它供小朋友们玩耍。在空间装饰里，纸灯与环境的融合会给人带来安静和自然。

图 4 - 36　纸灯（Sachie Muramatsu）②

①　图来源于 http://www. en8848. com. cn/d/file/201402/ea97fc1c3c0406728c9bf863761a8547. jpg.

②　图来源于 http://www. gjart. cn/htm/viewnews61564. htm.

第五章　造型艺术中的纸浆材料实验

我们知道，纸浆材料在成为纸张时，可以厚，也可以薄，根据厚薄，产生不同的透光性，不同材料的纸张又有不同的透光效果。纸浆纤维经过处理，具有一定的柔韧性，能够做成如布一样的纸张，用于服饰等方面。在这一章节里，我们主要介绍纸浆材料在室内空间中与光结合的运用，以及纸浆材料运用在服装设计的实验，这些实验将有助于我们对纸材料在现代艺术与设计中的开发与研究。

虽然许多国内外的设计师和艺术家们致力于这方面的创作，但缺乏理论研究，因此，展开相关的研究显得尤为迫切。笔者在华南理工大学设计学院建立了国内第一个纸浆造型工作室，对造型中纸浆材料光的呈现这一课题也进行了一些尝试和探索。笔者借助华南理工大学的相关国家重点实验室的实验条件与设备进行深入研究，进行多种材料的对比研究，从而使纸浆造型艺术上升到理论层面，为之后的研究奠定基础，体现其学术价值和商业价值。

一、纸与光的造型实验

1. 纸的光学理论：晕光的空间运用

提到纸所产生的光线构成法，必须首先谈谈其在屏风和纸灯笼上的巧妙运用，屏风虽然有着分隔空间的作用，同时也起着遮挡和传递光的功能。最原始的光来自于太阳和火，对于这两类自然光来说，屏风和纸灯笼中还蕴含着营造美妙宫廷御用光线的秘密。为了能够让时刻发生变化的室外阳光传到室内，现在我们基本上使用洁净的玻璃，尽量使玻璃更好地透光并深达房间的深处。古代传统的屏风使用的是纸材料，在室内形成柔和的光壁。光线连绵不断地照进室内，伴随着稀薄的影子抵达房间深处，撒下了经过控制的柔和的光线。

再以纸灯笼为例，不仅要消除灯火和蜡烛这种裸火对眼睛的刺激，还要体现柔和温馨的室内照明效果。古人日常生活中尽可能地避开直射光，但又要达到最好的照明效果。

在中国等东方国家的传统中，纸不仅是书写用品或包装材料，还是建筑材料，有着反光（反射）开发利用素材方面的功能。而且在这变幻无常的现代社会，怎样超越具有上千年历史的传统工艺，使纸再现新的工艺表现手法正是我们所期待的。

图 5 - 1　屏风

图 5 - 2　节日的灯笼

东方运用光线的特征，是在明与暗之间要尽可能地保持协调的色调。在西方使用石材的建筑具有光与影共存的强烈对比，而在东方以木质构筑的建筑中，好像有意地不使用引人注目的明暗的阴影。从室内的采光方式来说，两者具有明显的差异性。东方传统古建筑的房屋不像西方那样，让强烈的直射光线从上到下明快地倾泻下来，无论如何都要让光线从侧面缓慢柔和地反射扩散，这样才觉得舒适。这种由东方和西方表现出来的光线的原风景的差异的象征性建筑用品——屏风和彩色玻璃就是具体的表现。相对于经过精心设计制作而成的具有扩散光源性的玻璃材料来说，炫目的彩色玻璃不能扩散光线，室内照进来的全是带着颜色的直射光。对于使得彩色光散乱地投射到地板上的彩色玻璃来说，几近禁欲主义的白色屏风可以让外界的自然色彩保持原样地映射出来。对光线明暗敏感的人来说，由于人们对明暗适应程度的不同，可以从纸与玻璃的对比中表现出来。

也许是受到东方儒教文化的影响，东方人的性格也趋于折中与温和，因而在接受光时，更喜好具有温度感和柔和感的光线，而纸这种半透明的材料，恰恰迎合了东方人中庸的审美意识。

纸的美妙在于透光的内在结构，我们可以看出纸所蕴含着的丰富的光学机能，纸具有柔软的扩散光，这种扩散光来自透光与反射光两种，具有这两种光学制作原理属性且最具代表性的，正是纸。

通常来讲，屏风、窗子等只强调室外光线的穿透扩散作用，实际上到了夜间的时候，室内就会出现以点反射扩散光的平面。对于居住在室内的人来说，白天屏风是柔软、明亮的。夜幕降临的时候，室内仅有单一的、隐约的闪烁白色的光线成为装饰。同理，不仅有燃烧油料的灯火用具如用和纸罩起来的灯笼，还有用纸贴成的反射板放在灯火的附近而构成固定烛台等装置。换言之，纸依据其滤光方式和色彩搭配的不同，是一种能够发挥透光与反射光两种光线作用的光学材料。其透视膜和反射板的作用原理源自微妙的光学平衡性质。我们通常所使用的纸的透光率比较低，只有10%～30%，为了提高光的透过率，就要抄薄一些的纸，薄一些的纸的强度会减弱，我们就要将薄纸与塑料菲林贴在一起，增加纸的强度，这样其透光率可达到50%。可是由于提高了透光率，就会降低反射率，所以依据受光的方向，纸的外表面会根据纸的透光率的多少，而增强或减弱纸的反射率，透光弱的纸会显得熠熠生辉，反之就会显得暗淡无光了。

光在透过纸或者经过纸反射的过程中，会产生扩散，依据光的位置，可以出现不同的透光扩散和反射扩散。而且，因为纸的表面柔软的程度不同，其对光线的吸收率也会产生变化。为了使受光面既美丽又明亮，光泽面要减少正反射，最好将其做成完全扩散面，将入射光全方位地反射到纸的表面上。

2. 纸在空间装饰中的运用

纸可以称作是光的魔术，随着纸的传播，其与光所产生的美感，几乎征服了全世界，从古代的屏风、灯笼等案例，发展到现在在空间中各种优美的演绎，产生了诸多作品。自从美籍日本人野口勇（Isamu Noguchi，1904—1988）开始制作照明器具，纸作为室内装饰材料以及各种照明材料，日本的"和纸"华丽地从传统向现代进行了转变（图5－3）。

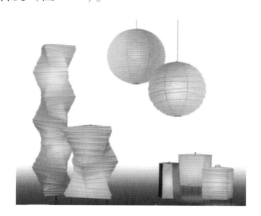

图5－3　野口勇设计的灯笼

纸的素材可以制成各种款式、各种花样。随着手工抄纸的纸制作方法不断灵活化，将具有七色光变化的人造纤维融入纸浆中进行抄纸，出现了用两片玻璃中间夹纸的三明治式的精美建筑材料。纸过去是传统的材料，现已变成顺应时代发展的基本材料。

那么现代纸可以向何处发展？从现代餐饮空间所用的装饰材料的角度，我们来探讨一下和纸与光的结合问题。

  平时与非平时，我们可以称之为"非正式"与"正式"两种情况。我们的生活是由非正式与正式的节奏而构成的。从这个意义上说，餐厅场所就是某种正式使用光的场所。只要我们稍稍注意一下，平时不留意时就与服务生不自主地产生语言交流，并且在其用心营造的空间中会发现使用了纸的新样式。笔者在日本留学期间，曾访问过很多餐厅，在这些餐厅的装饰中就出现明显的，令我们期待的纸的新样式，可以作为参考。

  首先，纸的暖色调感觉，是明显的人工与自然最美妙的结合。在京都火车站大楼地下街开设的"伊诺达咖啡厅"（图5-4）就是这方面的典型代表。该店里面贴的壁画就是由和纸制作的，这是精心制作的纸浆造型的绘画作品，以种子的造型和森林的色调，让人们身处一种平和安详的气氛中。画面因做了亚光处理，纸的肌理被减弱，已感觉不到纸的柔软了，乍一看你绝对不会认为这是由纸材料做成的作品。而走到近处一看，就会看到局部的纤维，手工纸的特征一览无余。从这里到入口部分有用有机玻璃夹住纸所做的灯光板，从其两侧照着聚光灯，透视与反射交织在一起的效果简直令人不可思议。而放置在大桌中间的雕塑，在灯光的透射下，散发出纸浆材料的美感。

图5-4　伊诺达咖啡厅内部　　　　　　　　图5-5　橙家餐厅内部

  大阪的日式料理店"橙家"（图5-5），采用大胆的装饰，收集了2.8m×2.1m的大型手工纸50余张，一部分挂在墙上，一部分放在桌子的台面上，都用透明玻璃罩起来，展现出手工纸的豪放美。这是运用喜马拉雅山一带的一种瑞香科（Thymelaeaceae）植物所制作的纸，纸质粗糙，可看见明显的植物纤维，与我们平时所使用的精美的纸相比，具有很强烈的原野味道。在柔和的灯光下，粗犷的手工纸又呈现出柔软的质感。料理店的内部基本使用白色，在较暗的光线下，显得近乎冷漠的安静，而这些手工纸增加了亲和的氛围，与精致的碗碟和料理形成绝妙的对比。每一张纸都是很自然地悬挂或罗列平摆，在随意与讲究的对比中，让人回味自然、怀念传统、享受时尚，营造了丰富醇厚的现代风格。设计者似乎有着很强的禁欲主义的意图，纸的朴素的感觉让人联想到肌肤，但客人不能用手去摸，因为中间隔了一层冰冷的玻璃，让你只能依靠视觉去体会、思考。

还有东京涉谷区的"雪月花"怀石西餐厅（图5-6），贴着精致的和纸，可以看到熠熠生辉的灯笼状的壁面。穿过柜台就能看到大壁面里点缀着小的圆形和方形的版面设计。而且形状和光的亮度会经常变化，而不断转换着空间的氛围。贴在壁面上的日本和纸，会由于灯光的变化，呈现出点、线、面的变幻，让人感到非常奇妙。顺着这家店入口处的台阶，有一幅巨大的墙面，是纸浆造型的艺术作品。贴在有机玻璃上，通过光透射出纸浆的肌理和色彩，好似传达一种由空间的质感变化，而展现出诚恳的服务精神和旺盛的经营理念，一种崭新的装潢，会使这个店有一种神秘感，从而使人有进去的欲望。在这个店里，房间的隔离屏风、照明器具，甚至是坐的凳子等都是特别聘请艺术家特制纸浆造型的艺术作品，营造温和亲切的艺术氛围。

图5-6　雪月花餐厅内部　　　　　　图5-7　甘蓝餐厅内部

在东京的港区，有一家日本料理店"甘蓝"（图5-7），坐落在一个安静的角落，其店里所装饰的纸浆艺术作品，工艺设计水平几乎达到登峰造极的程度。为了隔开桌子的席位和榻榻米的席位，其中间放置了一个大型的纸浆作品，这幅作品是用麻丝编制出渔网般的网，再抄上纸浆，采用细腻大胆的抄纸工艺的和纸装饰，具有将空间一分为二的帘子一样的功效。巨大的帘子往往会给狭小的空间造成压迫感，但这幅网状的作品，使相互的两个空间忽隐忽现，光从这里一照，房间里的状况就难以看清楚了，相反，从客厅方向过来的光一照，就像在灯笼里面一样，一览无余。大胆运用手抄纸的工艺，使人不由自主地联想到造纸术的起源，以及纸浆材料的温馨。

纸因其受光和发光而产生不同的视觉效果，使人们对其产生强烈的兴趣。西方人用大理石等模仿自然的漂亮原石，不管怎样变薄，它也赶不上人类用植物纤维做成的能透光的和纸，而且今后会用更多的光学材料制作出种类繁多的和纸。

随着现代化进程的加快，新型纸的制作方法将会出现，依托纸材料设计的光学设计产品也正在开发过程中。

3. 手工纸的光呈现实验

选取多种纤维材料进行试验，以探求不同材料纸的光呈现对比研究。选取生活中常见的材料——打印纸、报纸、宣纸、毛边纸、牛仔布、麻绳、纯棉 T 恤等，目的是用每种材料制作四张不同质量的纸，分别测试光源透过纸张的色温。实验分别在华南理工大学设计学院的纸浆造型工作室和材料学院的发光材料与器件国家重点实验室进行，用到的设备与仪器有电热煮锅、打浆机、纸样干燥器、纸样抄取器等。

（1）材料预处理

分别对材料进行预处理。将打印纸、报纸、宣纸和毛边纸撕成边长 2cm 的小块；将麻绳剪成 2cm 长的小段；将其他废旧布料用洗涤液进行去污处理，再将已清洗干净的布料剪成边长 1cm 的布块。

（2）浸泡和蒸煮

纸的处理：将撕成小块的纸分别放入盆中，用清水浸泡 10 分钟。

麻绳的处理：剪好的麻绳在常温条件下的清水中浸泡 20 小时后，可见麻绳由紧致的束状纤维疏散成细细的条状纤维。

布料的处理：第一步，将剪好的小布块用盆分别进行浸泡，分别在清水中加入两勺碳酸氢钠，静置 12 小时；第二步，将浸泡好的布块放入滤网中反复冲洗干净；第三步，将干净的布块放入锅中，煮 1 小时可见布块开始脱色，布块颜色变淡；第四步，待煮锅温度稍低时，捞出布块，再次冲洗，继续煮 1 小时可见布块的纤维有不同程度的脱落；第五步，根据不同的材料增加或减少蒸煮时间，直到煮至布块较软、纤维脱落为止。

（3）打浆

打浆处理的目的是为了疏散分解纤维，产生适度的细纤维。将经过处理的物料分别放入水槽中备用，然后分别放入打浆机中进行打浆处理，直到可见物料分散成纤维浆料为止，分解成浆料的时间根据原料的不同有所差异。因此，要边打浆边观察，观察其纤维长短变化状况，控制浆料的打浆度。从小布块到分解成为纤维状浆料，有时要进行几个小时或者更长时间。

报纸、宣纸和毛边纸是比较容易打的，连续打浆 10 分钟后可见细腻的浆料。麻绳连续打 30 分钟后可以得到适合制作手工纸的浆料。

布料的打浆时间较长，经过 3 个小时的打浆，这些原料可以打成较长束状纤维的浆料；经过 16 个小时的连续打浆，纤维变得更加细腻，但还会有一些较为明显的纤维束状物；经过 18 个小时的打浆后，可以看到水中飘着不同长度的纤维，这些纤维已基本被疏解分散开；而经 22 小时打浆之后，物料就会成为均匀的纤维浆状了。值得注意的是，打浆的过程中要时刻观察打浆机内浆料的变化，当打布料的时候，纤维极易搅在一起，这时要及时用剪刀把纠缠成团状的纤维剪开，再继续打。经过多次试验，发现经过 18～22 小时的打浆处理，可以获得适合制作手工纸的浆料。将打好的浆料从打浆机中取出，倒入垫着纱布的滤网中去除水分。

　　（4）晒干、称重处理

　　将去除水分的浆料进行晒干处理。在阳光下暴晒 2 天可得完全干燥的物料。将每种物料分别称出 2g、3g、4g、5g 备用，目的是为了进行同种材质不同厚度的纸的透光率的比较和不同材质相同厚度的纸的透光率比较。

　　将称好的浆料分别放入盛有清水的水槽中静置，待纤维重新分散后加入适量的纸浆分散剂均匀搅拌，此时可得到制作手抄纸的浆料。

　　（5）抄纸（直接把浆料倒在抄纸框上）

　　实验用的抄纸框为 80 目的网，当然，目数越高，所抄的纤维越细。用尺寸为 21cm×15cm 的抄纸框进行抄纸。将抄纸框搭在与之尺寸相配的水槽上，慢慢将浆料均匀倒在抄纸框上，随着浆料的倒入，多余的水分便漏在了水槽中。

　　（6）完成

　　将完全晾干的纸从布上揭下。具体制作过程见图 5－8。

图 5－8　纸的制作过程（以麻绳为例）

4. 光源透过纸的色温测试

测试光源透过纸的色温实验在华南理工大学材料学院发光材料与器件国家重点实验室进行，使用到的实验设备有海洋光学光纤光谱仪（USB2000＋，Ocean Optics）；白光光源（色温 5600K，波长 450nm 的蓝光和 560nm 的黄光）。

（1）实验步骤

a. 白光光源光谱、色温测量。将光纤光谱仪的光纤探头正对白光光源，采取数据并且读取色温数据。

b. 设备搭建。将白光光源用锡箔纸包裹，预留一个直径为 3mm 的孔，用于测量白光经过样品之后的光谱和色温。

c. 白光透过纸张后的光谱、色温测量。将样品置入光纤探头和光源孔之间，每个样品依次测量 5 个不同位置的数据，并记录。

d. 数据处理，用 Origin 对光谱数据进行归一化处理。

（2）实验结果

a. 实验中使用的白光光源色温为 5600K，当白光经过宣纸后，光谱中的黄光成分增加，色温降低。随着宣纸厚度增大，色温越低。2g 制备的宣纸样品，白光经过后色温由 5600K 降低至 5212K，质量增加到 5g 时，色温降低到 4500K。

b. 对于报纸和麻纸，白光透过后的色温均降低。从光谱来看，蓝光成分不同程度地被吸收导致色温降低，标准白光变成暖白光。2g 样品制备的报纸、麻纸，色温由 5600K 分别降低至 3900K 和 4300K。随着纸张厚度的增大，蓝光吸收增强，色温低至 2500K 左右。

c. 标准白光透过牛仔纸后，主要为蓝光。色温高达 10000K 以上。光谱中的长波黄光被大量吸收，并且光强被减弱。

d. 蓝布纸由于本身为蓝色，白光透过后只有短波蓝光，色坐标（0.23，0.2）。

e. 相同质量的样品制备的纸张，宣纸、报纸和麻纸对蓝光的吸收较强，色温降低，标准白光变成暖白光；而对于牛仔纸和蓝布纸，由于其对长波黄光的吸收较强，色温升高，并且黄光被大量吸收。

测试结果如图 5 – 9、图 5 – 10 所示。

（3）结论分析

同一种原料制备的纸张，不同质量样品制备的纸张随着质量的增大，纸张厚度增加，对特定波长光吸收增强，色温变化更明显。而相同质量制备的纸张，由于材料本身的特性，对光的吸收特性不一样。宣纸、麻纸和报纸对蓝光吸收较光谱归一化：将光谱数据除以该数据中的最大值（origin有归一化功能），再将同一类的样品光谱放在一起，可以对比出是蓝光部分减少还是黄光部分减少，从而对应色温的变化。

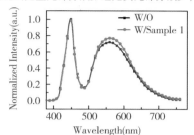

W/O：没有加样品进行滤光，是原始光源的光谱。
W/Sample 1：添加了一号样品，光谱发生了略微的变化，黄光部分增大，色温增大。

图 5 - 9　光谱变化图

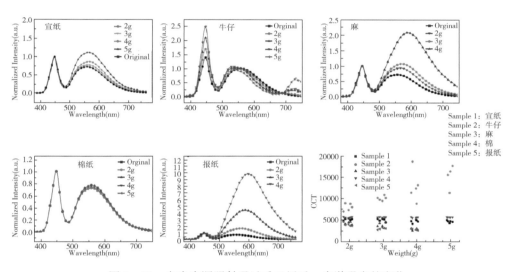

图 5 - 10　白光光源照射通过手工纸后，光谱强度的变化

强，白光透过之后色温降低，而蓝色的牛仔纸和蓝布纸本身呈现蓝色，对长波光吸收较强，白光透过后色温升高。

色温可以调节空间氛围，高色温的光给人以明快、清爽的感觉，而低色温的光给人以温馨、轻松的感觉。另外，色温与所处环境基本色调之间的配合也是需要考虑的，如低色温的光应用在暖色调的空间中可加强空间温暖的基调。因此，以实验中的几种材料为例，用宣纸、报纸或麻纸制作灯罩，光色偏暖，可加强空间温暖的基调；而牛仔纸和蓝布纸制作的灯罩，光透过后色温较冷，更能营造出清新、冷静的感觉。良好的配合可使材料充分发挥其本身的特性和美感。

5. 纸浆灯罩的创意设计

通过实验，笔者将利用以上材料的特点，制作了一款纸浆灯罩。灯罩的制作方法有很多种，笔者采用的是气球法，即把气球吹大，放在适当大小的容器上，然后把抄好半干的纸糊在气球表面，糊时边用海绵对边缘进行按压，以确保灯罩表面平整。糊好表面后，再刷一层水糯糊，目的是使其牢固。在糊好的宣纸层上零散地粘一些牛仔布纸。用气球周长长度的绳子捞黄色和粉色的纸浆，从各个角度缠绕在宣纸层上，之后再糊一层宣纸与布浆混合的纸，做从下往上的渐变。晒干后把灯罩罩在黄光灯泡上，呈现斑斓的效果，如图5-11、图5-12所示。

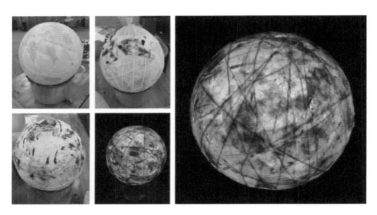

图5-11　灯罩的制作过程与效果

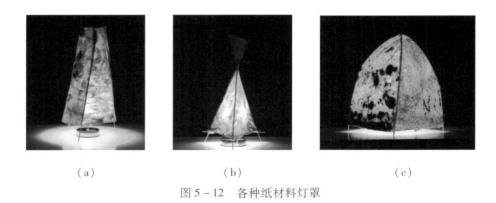

（a）　　　　　　　　　（b）　　　　　　　　　（c）

图5-12　各种纸材料灯罩

通过对纸浆材料的尝试和探索，说明艺术领域也可以进行分析、比较，得出数据，为实践提供更多的可能。

希望能够重燃人们的"手工艺"情结，回归自然。同时也加强对空间装饰中新材料的探索，在环保的前提下，更注重材料的美感，这些是工业化和机械化无法代替的。

手工纸带着人的体温与情感，完美地适合人的身体与精神，呈现出勃勃生机的状态，使人不由自主地联想到造纸术的起源，以及温度的起源。随着现代化进程的加快，相信更多的纸浆材料会被运用，依托纸浆材料设计的光学产品也正在开发中。

二、纸浆材料的服装设计实验

用传统的素材进行新的造型，这是现在服装设计的理念。很多服装设计师将目光聚集在日本的"和纸"上，和纸是一种非常高级的纤维素材，它不同于其他的布，尤其经过搓揉之后，由于纸本身表面的肌理较为粗糙，视觉上产生一些很微妙的阴影，让人回味，和纸的柔软度也非常适合服装的设计。

1. 古代服装中的纸材料运用

在古代，将抄好的白色和纸轻轻地、慢慢地进行搓揉，然后将其摊平，就变成了一张可以做衣服的"布"。经过搓揉之后的和纸，纤维之间可以容纳更多的空气，有利于保暖，适合做服装，纸作为衣服的材料，对现在我们用惯了石油合成的化学布料的人来讲，这种感觉不可思议，其实从人类的服饰史文化中，纸作为布料，虽然不如麻、木、绢、羊毛纤维来得重要，但是在东方的服装史也占有一定的分量。我们可以看到在我国的宋代有关用纸做的衣服的资料记载，"大历年间（766—799），有一名苦行僧不穿布做的衣服，常年只穿纸做的衣服，人称纸衣禅师（《太平广记》）"。

在日本谈到纸衣会引用性空上人的文章，文章中有平安时代利用搓揉的纸作为衣料的资料，稍微再后一些的资料有《今昔物语集》记载衣服的材料是纸衣和木皮。那时人们不敢穿绢和布的衣料（出自睿山僧玄常诵法花四要品语，第十三卷），当时选用纸作为衣料，一方面可以保暖，另一方面是弘扬宗教精神的一种方式。因为在佛教中禁止使用动物的毛皮，如绢和羊毛等纤维，而当时比麻更具有保暖性的棉花又尚未普及。因此为了抵御严寒，人们往往会选择既保暖又有白颜色且用植物做成的纸浆材料，从宗教意义来说是非常合适的。

在每年春天的二月底，奈良的东大寺要举行一次取水的祭祀，叫作修二会。这个祭祀活动已经流传一千多年了，从二月二十日开始先举行篝火活动，此阶段需要为这个活动制作一些灯芯以及装饰花。与此同时也要制作一些纸衣，在二十六日正式总别会上，修行僧们为了清洁自己的身体，进行沐浴之后要将纸衣穿在身上。东大寺修二会所制造的纸衣，之前使用的是仙花纸，而现在是用虎楮材料的纸浆所制的纸衣，这种材料非常结实。首先搓揉和纸，然后用竹棒将经过搓揉的纸卷起来，进行挤压，使纸产生皱纹，这个过程要来回进行四五遍。日本传统技法中，要在纸上涂上一种用魔芋做的糨糊，用手慢慢地反复搓揉两三次。经过反复搓揉的纸浆会在表面起一层竖起的毛纤维，这时要用排刷将魔芋刷在纸上，这个纸还要涂上由柿子发酵的液体，使纸发黄，同时达到既防水又防腐的目的。最后再用糨糊将一片一片的纸接上，形成一块大布料。这种布料要放一年的时间，第二年才拿出来制作衣服。日本现存最早的纸衣是上杉谦信所用的阵羽织，从这件衣服的材料上可以看出纸料经过了不断地搓揉，并且也涂上了柿子发酵的液体，边缘贴上了由中国传入的深绿色的绢，非常具有亲和感。

　　日本安土桃山时代（1573—1603）还有一件具有代表性的纸衣，是日本太政大臣丰臣秀吉穿过的。他在北征时前往镰仓途中经过骏河回宇津谷村时，询问当地人前方的山是什么山，村民回答是胜山，这个吉利的回答让丰臣秀吉喜出望外，于是将穿在身上的纸衣赠给了这位村民。现在这件衣服仍然保留在静冈市丸子旅馆的石川家，这是一件有鲜艳的红绢并绣有金银的纸衣，有着桃山时代豪华装饰的风格。

　　随着经济的发达，纸的交易与纸的品种也在不断发展。著名的柳井造纸工坊迁到了中部，专门为宫廷和将军生产檀纸，这时期的檀纸，主要以楮树为材料。这种纸制作精良，较之前的纸厚实些，主要用于公文和倡文的书写。形式有料纸、色纸、短册，在官府以及武将之间广泛使用，尤其是武士对纸的使用较多。这时期生产杉厚纸和美浓纸，这些纸称作武士纸和男人纸，在武士社会中广泛运用。

　　美浓纸是在京都和东国交界处的爱知河流域沿线的村落所生产的，由商人组织起来运往京都，以供那里的官府和武士以及寺庙使用，也作为礼物送给亲朋好友。在应仁战乱时期（1467），很多僧侣逃亡到京都并长久居住下来。因而对于纸张的需求进一步增大，这时出现了越前地区的鸟之子纸张，一时间名声大震并一直沿用到今天。

　　在古代中国流行的屏风，经朝鲜半岛传入，成为当时贵族家庭中体现自己身份、地位、学识、修养的象征。最早的屏风是由木头做成的，之后出现了绢、麻、布，到中世纪期间开始使用贴纸张。屏风用纸需要非常结实，屏风的形式也是如现在所见的四连式屏风。这种屏风经常用来间隔建筑物的空间，在当时主要用作室内与室外的分隔。人们发现阳光通过纸进入室内会显得非常柔和，因此在镰仓时期（1185—1333）普遍将纸贴在窗户上，被称为明障子。使用这种明障子材料，贴在窗户上最早记载于《正仓院文书》。美浓纸是运用在明障子上的纸，纸质强度大，有一定的保暖作用，10世纪时，人们经常将它搓揉变软用作防寒的衣料。在《源平盛衰记》第1417页指出，当时的尼姑为了抵御寒冷，在衣服里面又穿了一件用纸做的衣服，在《十训抄》（1252）、《平家物语》等书中称其为纸衾。战国时代的武将也经常将其穿在盔甲里。

2. 纸布的制作

将楮树或雁皮纸搓成丝，再编织做成纸布，纸布也与其他的布一样，由经纬两个方向编成的。纸布所用到的纸与一般的造纸方法稍有不同，在抄纸时要有意识地将纸的纤维尽可能朝向同一个方向。在搓纸丝时也要按照纤维的方向裁纸，将纸裁成细条之后，再从一端搓向另一端。纸布经纬两个方向的纸丝要选择不同的材料，一般纬方向的选择纤维较长的，一般采用和纸。经方向选择纤维较短的，一般会用绢丝或者棉丝，也有经纬都使用和纸的。日本的江户时代，纸布的使用非常普遍，如当时有名的宫城的白石和伊豆的热海纸布，这些纸布都织有非常复杂的纹样。属于非常高级的纸布，纸布既轻又结实，还可以用水洗，并且颜色鲜艳，穿着在身上非常舒适。第二次世界大战中，由于物资不足，也经常使用纸布做的衣服。但之后，纸布渐渐消失，今天为了保存传统文化，很多地方又开始进行纸布的制作。

对于纸的研究，有多方面的，其美感、功能、环保等属于不同的学科，而布衣纸材料服装的出现，再一次让人们认识到纸在时装领域的应用。

用纸材料做的服装称为"纸衣"。作为纸衣的材料，一直以来是以楮树皮为原料，抄出较厚的纸张，然后涂上魔芋糊糊或柿子的液体，再经过搓揉，使之变成较为柔软的纸布。在中国宋代就有关于纸衣的记载，苏易简在《文房四宝·纸谱》中："山居者以纸为衣"[①]。

南宋的刘克庄在《后村集》中也有诗云："纸衣竹儿一蒲团，闭户燃萁自屈盘。"[②]可见中国古代僧人们经常穿着纸衣。日本明治时期的文献《贞文杂记》（1878）中，记载着在江户时代就有尼僧穿着染着墨色的纸衣。之后的日本战国时代，由于纸衣具有保暖性，用纸做成衣服，在野外作战时穿在铠甲里，用作御寒的内衣。[③] 日本古代的纸衣如图5-13所示，韩国的民族纸衣如图5-14所示。

中国明代的文献中曾有过有关记载，提到纸蚊帐上画有梅花和蝴蝶等纹样。纸窗是古代常用的家庭用品，中国很早就用纸材料来糊窗户了，宋代高僧德洪就曾称赞过纸窗"就床堆叠明如雪，引手摸苏软似锦，拥被并罏和梦暖，全胜白秏紫茸毯"[④]，"白秏紫茸毯"指的是蒙古包上面盖的羊毛毯子，德洪觉得纸窗已经胜过了蒙古包的羊毛毯。

①② 刘仁庆. 中国古纸谱［M］. 北京：知识产权出版社，2009：260.
③④ 神宫司厅. 古事类苑服饰部［J］. 吉川弘文馆，1967—1971：10.

图 5 – 13　日本古代的纸衣①　　　　　图 5 – 14　韩国的民族纸衣②

　　这些都是传统中运用纸材料的纸布，由于棉布和其他化纤材料织物的出现，纸衣渐渐淡出人们的生活。而在现代，有很多设计师又开始将纸布作为时装材料来进行时装的设计，以唤起人们对传统文化的追忆，尝试设计符合新时代审美观念的创意纸衣。如日本的三宅一生（Issey Miyake，1938—　　）（图 5 – 15）、植田逸子（Setuko yeta，1928—2014）（图 5 – 16）、藤田染苑（图 5 – 17）等，将纸材料的美感运用到时装上，赋予纸衣新时代的审美理念。

　　制作纸衣所用的布，我们称作"纸布"，是将纸浆先做成纸，再将纸材料做成丝线，然后再进行编织，做成纸布。

图 5 – 15　三宅一生③　　　　图 5 – 16　植田逸子④　　　　图 5 – 17　藤田染苑⑤

　　纸布的制造过程，是从抄纸开始的，但其抄纸的方法与手抄纸不同，是在用

①　金子量重．和纸的造型［M］．日本：中央公论社，1984：53．

②　图片来源于 http：//japanese. korea. net/NewsFocus/Culture/view？ articleId ＝97131．

③　柳桥真．和纸事典［M］．日本：朝日新闻社，1989：108．

④　吉冈幸雄．和纸［M］．日本：平凡社，1982：5．

⑤　图片来源于 http：//www. sousou. co. jp/archive/2010 – 09 – 30/．

抄纸框将纸浆纤维捞起的瞬间，按照纸浆纤维的方向，尽量使其趋于纵向，这个方向的纸就显得比较坚韧。其实我们每个人都有过这样的经验，就是在撕废旧报纸时，会发现有一个方向比较容易撕，而另一个方向就比较难，这就是因为在抄纸的过程中，会按照一定的方向去抄纸。要将这些手工纸按照纵向的纤维方向裁切，再将裁切成的细纸条，稍微打湿，放在平滑的石头上搓成丝状，然后用织布机将这些丝状的纸织成纸布。

这样织出来的纸布，经纬整齐，也较为结实耐用，具有强韧的特点。有些纸布还加入了其他棉、绢等纤维材料。

由于在古代，纸衣的原料价格低于棉等其他纤维原料，因此，纸材料的衣服，还有坐垫、被子等，被一般民众广泛使用。另外，纸衣材料易于进行装饰和染色，可以做成漂亮的图案，因此，纸衣在时尚的年轻人中非常流行。19 世纪中期开始，随着西方文化的进入以及机器棉织品的普及，使得棉布越来越廉价，作为一般市民使用的纸衣，渐渐消失。

纸衣主要集中在东方的中国、日本和朝鲜。纸衣在古代曾经有过辉煌的时期，曾经造出了高质量的纸张，并创造了东方特有的纸服装文化。今天，我们中国已经很少看到纸衣，但在日本的祭祀活动中，还可以看到实际使用的纸衣，在日本的奈良东大寺的二月堂，每年举行的修二会（取水祭）中，僧侣们穿着的还是传统的纸衣，另外在戏剧的服装中，也有纸衣出现，还有为生产纸衣而建造的纸工坊。经过实验研究，我们要将这些布衣纸服装文化、传统的纸衣材料、造型的技法等运用到现代服装作品的设计与制作中，以起到传承和创新纸文化的目的，使其在现代艺术发展中发挥新的作用。

3. 纸材料制作布衣纸的实验研究

本次实验将使用最容易找到的废旧的 T 恤衫、牛仔裤、麻绳来做布衣纸，其中 T 恤衫是以 100% 纯棉材料为主的。实验在华南理工大学纸浆造型艺术工作室进行。主要仪器与设备有打浆机、压力机、漂洗机、电热蒸煮锅、纸样抄取器、纸样干燥器。

（1）废旧衣服、麻绳纤维材料的预处理

分别对 T 恤衫、牛仔布、麻绳进行处理，首先要用洗涤液将这些废旧的布料清洗干净，尽可能去掉上面的所有污渍，然后还要去除花纹部分以及纽扣，再将这些清洗干净的布料剪成块状。其中 T 恤衫是 1cm 见方、牛仔布是 2cm 见方，麻绳是 3cm 长。

（2）牛仔布、麻与棉和牛仔布纤维纸材料的浸泡蒸煮处理

a. T 恤衫的处理过程

第一步，将其剪好后，用盆分别进行浸泡。在此过程之前要加入两勺苏打（如没有可用碳酸钠代替），要泡12小时左右。

第二步，完成这些后可用滤网将水过滤掉，再冲洗干净，最佳的方式是将其放在水龙头下，用大水冲洗，目的是为了不让苏打进行另一次化学反应。

第三步，将冲洗干净的布块放入锅中，煮30～40分钟，即可见到衣服碎片的颜色已经脱落，这时可以停止加热，然后可看到布块渐渐呈灰白色。

第四步，等待锅中的温度稍低时，和第三步一样，要用滤网将水过滤掉，并用水龙头冲洗干净，这样可以看到更清澈的纤维（图5－18）。

图5－18　100%纯棉纸浆制作过程

b. 牛仔布的处理过程（图5－19）

第一步，将牛仔布剪成小布块，由于牛仔布比棉布更容易打碎，所以在剪布块的时候可以剪得大些，大概控制在2cm×2cm范围内即可。这里为了方便快速打浆，将其剪碎成0.7～0.8cm范围内。

第二步，将碎布用盆装起来，加入冷水和苏打，与棉布一样。

第三步，冲洗干净浸泡的牛仔布，直接放在水龙头下冲洗。

第四步，将牛仔布放入锅中与冷水一起加热，一共需30～40分钟，即可达到布块脱色的效果。

最后，待锅与布块稍冷却些，用清水将其冲洗干净。

图 5 - 19 牛仔布制作过程

c. 麻绳的处理过程

第一步，将麻绳剪成 3 ～ 4cm 长。

第二步，将剪好的麻绳浸泡在水里，因为不需要煮开，所以浸泡的时间要长些。须浸泡 8 小时，将编织好的纤维束状疏散成条状纤维（图 5 - 20）。

图 5 - 20 麻与棉和牛仔结合制作过程

（3）布衣纸材料的打浆

将处理好的纸材料分别放入不同的水槽中，然后分别放入打浆机中，进行疏散打浆，一直打到纤维分散成浆料为止，分解的时间要根据原料的不同有所差异。边打浆边观察，观察其纤维长短状况，从小布块到分解的纤维状，有时要进行几个小时或者更长的时间打浆。掌握控制布衣浆料的打浆度。

布衣纸材料经过 3 个小时的打浆，可以打成较长束状纤维的布料；经过 16 个小时的连续打浆，这些布料就会变成纸浆状，但还会有一些较为明显的纤维束状物；经过 18 个小时的打浆后，可以看到水中飘着不同长度的纤维，这些纤维基本被疏解分散开；经过 22 小时之后，就会成为均匀的纤维浆状了。就这样不断地观察布料的变化，我们会发现，经过 18 ～ 22 小时的打浆，就会成为最适合进行实验的浆料。而根据不同长短的纤维浆料，也可满足不同的需求。将打好的浆料从打浆机中取出，用滤网去除水分，就得到了可以做布衣纸的纸浆。

抄纸前的准备。往水槽注入清水至三分之二位置，再将刚才打好的浆放入水槽中，加入适量的纸浆分散剂，均匀搅拌之后，就成了抄纸的浆料。

（4）布衣纸的抄纸实验

实验中，我们所使用的抄纸框，与传统的抄纸框相同，抄纸框所使用的网，可以根据需要选择不同的目数，从 20 目到 100 目不等，目数越高，所抄的纤维就越细。我们先用 80 目来做实验，抄纸框的大小可以根据所制作的纸张的大小来决定，所使用的水槽也相应地要比抄纸框大，这样才能将抄纸框舒适地放入水槽中进行操作。抄纸框越大，所抄出的纸就越不容易均匀，而小的话，又不能满足设计服装的用料尺寸，因而我们选择了 80cm×100cm 尺寸的抄纸框来进行试验。

传统的抄纸一般有流动抄纸法和堆积抄纸法两种。流动抄纸法主要是用树皮材料制作纸张时的技法，将抄纸框放入水槽中，抄出的瞬间，要将抄纸框前后左右进行较为激烈的摇晃，将多余的水和纸浆摇晃出去，这样使得纤维互相穿插，可以制造出既薄又结实的纸张。而堆积抄纸法是将抄纸框插入水槽中后，慢慢抄起，将纸浆自然地过滤在抄纸框中，可以制造较为厚的纸张。

我们使用 80cm×100cm 尺寸的抄纸框来进行试验，发现运用流动抄纸法时，不太容易抄出厚薄均匀的纸张。而运用堆积抄纸法时，由于抄纸框能较为稳定地提出水面，纸的厚薄较为均匀，也具有一定的厚度。

（5）布衣纸的防水处理

用纸做的衣服，为了适合穿着要使纸有一定的强度，并具备其他的性能。首先要具有防水的性能，传统中使用的是魔芋糨糊或柿子等，我们采用了传统纸衣的做法。依次为纸的搓揉，用棍棒卷压涂柿子或魔芋糨糊等，将此过程反复几次才进行制作，在日本奈良的东大寺还保留着制作过程，《日本山海名物图绘》中也有描绘。下面将利用布衣纸这一新材料与传统的纸衣制作相结合进行实验。

本次实验我们以魔芋糨糊作为防水材料进行实验，魔芋糨糊的浓度根据纸的厚薄有所不同。水分过多布衣纸就容易破损，而水分过少就难以涂抹均匀。经过实验，魔芋的浓度在 2% 最为适合。在刷魔芋糨糊的过程中运用排刷，但用排刷时必须要小心，否则容易将布衣纸刷破。还有一种方法是运用海绵浸满魔芋糨糊再轻轻拍打在布衣纸上，涂抹之后自然干燥，干燥之后再继续重复搓揉卷压、涂糨糊这个过程。正面和背面各三次，共计六次。

然后从布衣纸的一端向纸的中心进行搓揉，以做出细小的皱纹，由于布衣纸干燥之后变得较硬，因此开始时要轻轻搓揉，并在用棍棒卷压的时候也要轻慢并一气呵成，尤其是比较厚的纸更要耐心细致，按照这个步骤进行搓揉和卷压，皱纹越细小，纸张就越柔软。木棒可采用直径 3cm，长约 90cm 类似擀面杖的木棍，按照纸张的纵向、横向、正面、反面几个面反复不断进行搓揉和卷压，每个方向进行五六次，经过搓揉卷压之后变成柔软的再生布衣纸。

4. 布衣纸的性能测试

对所制作出的布衣纸张的抗张强度与耐破度以及撕裂度等性能进行测试。

本次实验在华南理工大学制浆造纸工程国家重点实验室进行，仪器性能测试采用华南理工大学制浆造纸工程国家重点实验室的仪器设备。

撕裂度仪，型号：L&W 009，生产国家：瑞典。

耐破度仪，型号：L&W CE180，生产国家：瑞典。

抗张强度仪，型号：L&W CE062，生产国家：瑞典。

将本次实验做好的了纸张，切成宽幅 1.5cm 三块、6.3cm 一块。依次进行称重、撕裂度测试、耐破度测试、抗张测试，完成这些测试后数据列于表 5-1 中。

表 5-1　检测纸张强度综合指数

检测指标/样品名		棉	牛仔	50%棉 + 50%牛仔	30%棉 + 30%牛仔 + 40%麻	普通纸	95%纸 + 5%白乳胶
定量	纸张质量/g	5.07	1.42	3.51	1.58	2.39	1.67
	长度/cm	17	17.1	16.8	17	16.7	6.3
	宽度/cm	11.6	11	11.5	12.4	6.3	6.3
	纸张面积/m²	1.97%	1.88%	1.93%	2.11%	1.05%	0.4%
	定量(绝干)/(g/m²)	257.1	75.5	181.7	75	227.2	420.8
撕裂度	撕裂度/mN 1	5823	2610	3211	2759	2318	2080
	撕裂度/mN 2	5353	2064	2915	3350	2468	1480
	撕裂度/mN 3	5258	1985	5542	3932	2389	
	平均撕裂度/mN	5478	2219.67	3889.33	3347	2391.67	1780
	撕裂指数/(mN·m²/g)	21.31	29.40	21.41	44.65	10.53	4.23
耐破度	耐破度/kPa 1	169	149	240	287	295	336
	耐破指数/(kPa·m²/g)	0.66	1.97	1.32	3.83	1.3	0.8

检测指标/样品名			棉	牛仔	50%棉 + 50%牛仔	30%棉 + 30%牛仔 + 40%麻	普通纸	95%纸 + 5%白乳胶
抗张强度	抗张强度/（kN/m）	1	2.61	2.17	1.64	1.85	3.48	2.43
		2	3.37	3	2.44	1.56	6.56	2.34
		3	3.78	2.63	2.47		3.6	2.55
	平均抗张强度/（kN/m）		3.25	2.6	2.18	1.71	4.55	2.44
	裂断长/km		1.29	3.51	1.23	2.32	2.04	0.59
	抗张指数/（N·m/g）		12.65	34.44	12.02	22.75	20.01	5.8
伸长率	伸长率/%	1	1.95	3.26	2.83	1.25	1.54	4.47
		2	3.02	3.53	3.04	1.09	3.18	4.46
		3	3.88	3.53	3.06		1.21	3.97
	平均伸长率/%		2.95	3.44	2.98	1.17	1.98	4.3

5. 用布衣纸制作纸衣服装的创意设计

通过实验发现，布衣纸的强度可以进行纸衣的制作，虽然经过不断地处理，使得布衣纸具有一定的柔软度，但纸材料与一般纤维布有明显的不同。它不能像一般的布一样，与人体紧密结合，体现出身体曲线。因此在设计中多用直线来构成服装造型更适合纸衣的成型，纸衣的材料可以做得比较厚，但比普通的布轻些，可以显现出棱角。在裁剪时，由于纸材料的布没有经纬的区别，所以裁剪起来比较自由，不用考虑到方向。

根据这些特性，我们与服装专业的设计人员一同进行了制作上衣、风衣和裙子的实验。用一张 80cm×60cm 的纸张，在纸的中间切出一个方形，然后折起来进行缝制，在缝制时腋下各折进去 2cm，在肩膀处左右各加 1.5cm 的带子作为袖口。这样在穿着时中央的方块可作为领子将头套住，左右带子系在胳膊上。袖子是用 80cm×60cm 的纸，按照螺旋状用魔芋糨糊粘贴起来，共使用 9 张同样大小的纸张，制作一件宽松且具有多层次感的袖子。纸衣也可以用缝纫机进行缝制，也可以用魔芋糨糊进行粘贴，传统的纸衣里多用魔芋糨糊粘贴，而且比用线缝制要简单，并且不易破损，成型稳定。我们实验中所做的裙子也同样用 1.5cm 的带子作为腰带，既可以提高穿着的稳定性，也具有丰富纸衣造型的美感，当然还要用带子将裤袢带串起来。纸衣充分体现出纸材料的特性，纸材料有一定的柔软度，并且轻盈，在缝制时可采用多种方法，这是纤维布无法达到的。由于纸衣不需要锁边，所以可以做出有些布难以达到的形状和线条，尤其袖口和裙摆能形成夸张的美感（图5-21）。

图5-21　《布纸》（刘爱丽、陈喆，2014年）

在布衣纸上涂上防水液体使得纸张具有少许的光泽，且有皮革的质感，非常轻盈。利用废旧的衣料纤维制作布衣纸，进行纸衣制作。其制作过程完全可以与一般的布料相同，布衣纸的强度可以根据疏解打浆的时间、柿子或魔芋糨糊的浓度以及涂抹方式的不同进行改善，达到与普通布接近的强度。在制作衣服时没有表面布纹，也不用考虑缩水，可以忽略普通布可能产生的问题，并且能够较为简单地做出设计师所追求的造型感。这次实验证明了布衣纸完全可以制作出具有一定美感的时装，虽然只是进行了短袖和裙子的设计与制作，经过不断的尝试和实验还可以进行其他种类服装的创作，如长袖上衣、长裤、夹克等各种类型的时装设计。

为了防止纸衣材料破裂，可以在关键部位用带子来进行固定，既加强了纸衣的强度，也能体现出一定的美感，尽量减少用线来缝制，而采用粘贴的方式也可增强纸衣的整体视觉效果。由于纸材料没有经纬方向，因此在裁剪的过程中也显得比一般的纤维布要简洁和整体。

三、纸浆材料的绘画作品实验

前面章节主要是对纸浆造型艺术的各项理论内容的研究分析，接下来就是纸

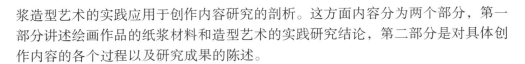

浆造型艺术的实践应用于创作内容研究的剖析。这方面内容分为两个部分，第一部分讲述绘画作品的纸浆材料和造型艺术的实践研究结论，第二部分是对具体创作内容的各个过程以及研究成果的陈述。

1. 纸浆材料特性分析

在第一章介绍了 20 世纪 70 年代，霍克尼（David Hockney，1937—　）运用纸浆进行绘画的实验，以纸浆代替颜料，创作了大量的作品，创造出"纸浆画"（Pulp Painting），之后很多艺术家运用各种不同的具有纤维特性的材料进行美术和艺术作品的创作，通过对纸浆材料的研究，结合综合材料进行绘画艺术的探索，创作了大量作品。纯艺术类的纸浆造型艺术对纸浆的要求，与实用类的设计有所不同，设计类要考虑纸浆的坚固与耐用性，往往要添加很多辅助材料，而纯粹作为观赏的艺术作品，对于防水、强度虽有一定的要求，但相对来说比实用类的设计更要求保持纸浆的原有特性。造型艺术的范畴是很大的，如何把纸浆材料恰当地运用其中也是很值得研究的。目前国内对纸浆造型艺术的研究还处于基础阶段，以下是笔者对纸浆材料特性的研究结论。

（1）纸浆的性状

纸浆的原材料主要是植物纤维，在制作的时候是充满水分的，可以想象，水的灵活性为纸浆纤维带来了动性，纸浆纤维的造型完全取决于水分的饱满程度。

一般情况下，能够观看到的纸浆都是经过干燥的，纸浆干燥后会有一定程度的收缩，这种收缩在立体作品里面体现得较为明显，会在造型上和肌理上产生微妙的变化。

纸浆作为绘画工具来说，它是具有颜色的，这一点与水粉颜色较为相同。纸浆干燥后，颜色偏粉色或者说是对比度减弱，而润泽度同时亦会消退，所以，纸浆颜色是比较难以把握的，只能说熟能生巧。还有一些外界因素可以影响纸浆作品的色泽，如太阳的照射，可以让白色的纸浆作品更白，但需要控制纸浆的状态，要不然会很容易出现裂纹；还有就是防潮防虫的处理，需要用一些药品或者是油性物质涂抹，这样也会使纸浆的色彩产生变化，当然也可以根据画面或作品的需要来控制或选择这些材料。

由此可见，纸浆材料的可塑性很高，但是它也有一定的局限性。纸浆是纤维组成的材料，根据其厚度和形状，干燥后会有不同程度的收缩，这样会使画面发生一定的变化，对于其效果难以完全把握，而且修改纸浆作品并不容易，毕竟是手工纸，容易破裂，收缩也会造成画面或作品的损伤。纸浆材料会受水质酸碱度的影响、药品质量的影响以及工具使用的影响，所以在制作纸浆作品前，要充分考虑其表达的内容以及形式上的一些局限性，学会扬长避短地使用纸浆这种特殊却有魅力的材料。

（2）纸浆的可塑性

因为纸浆材料的可塑性很高，纸浆材料可以制作出平面、立体的作品，主要取决于作者的创意构想，纸浆材料还能模糊材料特性，只要经过一定的处理，例如立体作品做好以后涂上铜粉，经过轻微打磨，使做出的作品让观看的人们认不出它的原材料，这也是很有趣的特点。如平面作品，可以制作出抽象的画面，也可以通过工具的应用，做出棱角分明的形象作品。

纸浆材料对于艺术作品而言并不单调，它可以融入很多的材料来使用，如平面的纸浆作品，成品可以理解为一张纸，纸张可以作任意的改动，也可以在纸张上绘画或者加工。另外，平面的纸浆作品还可以与其他的画种结合，例如丝网版画、木刻版画等，其综合性很高，而且纸浆材料的特殊质感也会带来不同凡响的效果，这也是艺术创作者的福音，新的材料就有新的表达方式，就有新的艺术语言，也就会有更大的创意空间可以发挥。

2. 创作案例

在创作的过程中发现很多有趣并且值得继续研究的内容，比如可以运用渗墨的原理，就像中国画的意境表现，纸浆没有干透之前是流质的，所以造型各方面都能够随作者的喜好和想法创作，加上技法的变换，能够得到意想不到的效果，在很多时候都会给作者带来惊喜或者说是更加贴近意念的需求。纸浆的可塑性是非常强的，不但可以制作立体的空间作品，而且可以随着倒模的模型制作作品，平面的画作更不用多说，不管是色彩丰富、形式多变的装饰画作，还是素色淡雅的水墨风景的写意画作都能够发挥得淋漓尽致，水墨、色彩融为一体。

虽说在国内纸浆画作并不多见，但不少艺术专业都会设立纸浆艺术课程，毕竟造纸术源于中国，现在的艺术类教学也趋向综合化，不管是材料运用的多元化，还是教学上的专业化，都紧紧跟随全球化的发展，还不时地与科技结合，达到艺术升华的效果，这也是不容忽视的艺术发展趋势。

创作的过程包括构思阶段、起稿阶段、配色阶段、技法和材料选择阶段、制作作品过程阶段。通过对这几个阶段的分析，进一步探讨纸浆造型艺术的技巧，同时也总结理论和经验。

（1）构思阶段

在熟悉了有关纸浆材料的特性，以及相关的技法之后，首先要对创作一幅作品有一个大概的概念。

如果一幅作品准备以纸浆材料对水墨效果进行尝试。首先在起草稿的阶段不断地修改草稿，并对中国画的墨的用法有一定的认识，墨有五色，如何运用于纸浆画作上呢？纸浆画制作过程中，当纸浆还是湿的状态时，颜色会比干透时略为鲜艳，如何把握这个色相度，必须亲自动手制作，才可以理解并掌握，熟能生巧。

艺术表现是一个对所学知识总汇的过程，熟知古今中外的艺术思潮，了解身边的所见所闻，不时会思考如何把现实的事物转换成有个性的表达方式，从物体的形态、颜色、肌理和本质等方面考虑。比如偏爱观察动物的动静形态，甚至会以人性的心态来理解动物的行为，那么如何在画面上表达，用软体的纸浆表现出动感的存在，以及思想感情的变化呢？最后决定用抽象的形态表现动物的一些特征，这是其中一方面。具体在创作过程中，要以中国传统的审美观念为指导，对中国画的水墨产生兴趣，把构思运用在纸浆画中，让流动感充斥画面。有如国画颜色般渲染的效果，也是抽象的意境思维表达，尝试以泼墨的手法形式来润色画面间的思绪，将向往美好自然景色的感情融入纸浆画的创作中。

（2）起稿阶段

作品尝试以鱼为主要形态来进行某些部分的改变，作为其中一种方式，刻意把眼睛部分转化为人眼形状（图 5–22～图 5–25），力求做成有自己个性和思想的动物载体。接着就是对鱼这个载体的数量和造型的设置，主要运用流线型的构图方式来设计，并构思一个侧面的特写，其中考虑到用肌理营造主次顺序。之前提到水墨画泼墨的手法，考虑到可以使用水彩颜料作为起稿材料，受到张大千先生水墨画的启发，决定把这种手法与纸浆的创作相结合，作为其中的一组画作。对于生物科学杂志所刊登的彩色显微镜下的细胞图片，感受到一定的视觉冲击，自己提取了一部分感兴趣的元素作为画作的素材。

图 5–22　跳鱼　　　图 5–23　双鱼　　　图 5–24　人眼鱼 1　　　图 5–25　人眼鱼 2

配色阶段，对于色彩的运用，在纸浆的创作中是十分重要的，而且较难把握其明度，因为纸浆在湿的状态颜色会相对鲜艳，而干透时就会有明度或色相的差异。选择较为稳重的深颜色作为主调，深色调会略显厚重成熟，较容易控制，其难处是画面主体的主次颜色的分配选择问题。

（3）技法和材料选择阶段

在技法的选取方面，多数还是倾向手绘（图5-26），以达到自然柔润的绘画效果，使用纸浆笔工具（图5-27），在画面上可以填补颜色或画出顺畅的线条，根据瓶孔的大小控制线的粗细（图5-28），增强画面的动感，添上了一些细致，在使用纸浆材料作画时，有这种工具会更方便一些。另外，需要表达画面上抽象与写实的对比，或者是虚实的对比，以及形状细致度的表现。我们可以用一种透明薄片剪出所需要的形状，然后根据需要再把纸浆绕在这形状外部或内部，这样就可以较为明确地展现形态。对于材料的选择，前面章节提到可以用回收的纸壳，笔者计划在作画时使用这种环保的纸，有颜色的部分会使用不脱色的彩色皱纸（图5-29）来打浆，这些在市面上买的纸的好处是已经经过防腐处理，另外考虑到这样的彩纸做成纸浆材料的话，干透之后颜色会显灰，深色的颜色会自行染色，例如黑色这样的深颜色，必须用化学染剂来染色，不然干后就会有灰色般的感觉。最后一点就是准备打浆机器和必备的用品工具，做好这些准备就可以进入下一步的创作阶段。

图5-26　用纸浆画线　　图5-27　粗瓶口　　图5-28　细瓶口　　图5-29　彩色纸

（4）制作作品阶段

首先要按照作品的大小搭好框，在框内进行制作。将纸浆板撕碎，放在打浆机里打浆，打好纸浆后多加一些水在纸浆里，再混入适量的纸药搅匀。然后开始做画底的准备工序，把垫底的木板打湿透，然后铺上吸水的棉布，如果想画面干得快一些，可以用两张或者两张以上的棉布垫底（图5-30），画的尺寸大小由自己决定。现在就可以把调配好的画底纸浆倒入预先做好的画框中（图5-31），注意其均匀度。每浇一次纸浆，要稍等片刻，让水分漏掉一些，再进行下一步，不然纸浆容易被冲散。等水分稍微少一点的时候就开始作画，开始用纸浆笔画出初稿。

  本次主要采用尖嘴瓶进行造型的绘制，在尖嘴瓶里灌满不同颜色的纸浆，像用笔一样，用不同的颜色来画（图5－32），也可以伴随用浇、泼的方式来做肌理效果，纸浆材料在干燥后，颜色会减弱，可以在做肌理的时候加重其形状、凹凸，这样就可以保证纸浆在干透后有较为明显的效果（图5－33）。

图5－30　棉布

图5－31　浇纸浆

图5－32　点浇纸浆

图5－33　用纸浆画图形外框

  根据草稿的内容制作后，开始尝试使用浇、泼的方式做出水墨渲染的效果（图5－34），直接用纸浆绘制与在宣纸上绘制是不一样的，既要有水墨的效果，同时也不能一味地去模仿，否则会失去纸浆材料的美感。接着就可以用黑色把重色浇出来，一步一步地把画面做得厚重稳实（图5－35），做出一种意象的表象，色彩的选取有一种青翠的润泽。通过加重颜色，让画面层次有所变化，呈现出水墨般的飘逸效果。

  接下来继续制作两组画作，分别是《细胞的色感》和《水墨花语》。细胞比较跳跃的色彩和圆润的抽象形态表现了它们的动感和被放大的色彩美感（图5－36），在浇纸浆的过程注意其主次关系，画面形态的变化和韵律的动感走向，也是要注意的地方。

（a）　　　　　　　　（b）　　　　　（a）　　　　　　　　（b）
图 5 – 35　浇出外形　　　　　图 5 – 36　浇上重色

　　《细胞的色感》以彩色纸浆做底画颜色，然后用比较稀的浅色纸浆浇上去，干透以后就会稍稍有一种透明感，恰如彩色显微镜下半透明的被观察物体。在画面上，抽象而不规则的图形容易显得凌乱无力，因此颜色的运用就是一门技巧了。突出每一张画的主题特色，这个时候对画面整体做出一些几何图形和直线的变化，把画面的气氛活跃起来，在浇上浅色的纸浆后，再做出一些水滴的效果，这样既能破一下大面积的浅色造型，也能丰富画面效果，还可以加一些直线型的色块，增加层次感。

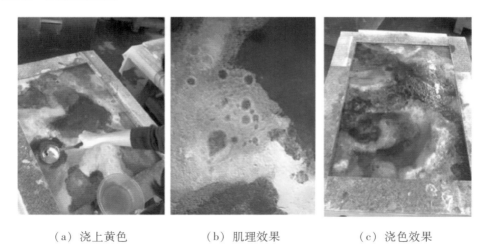

（a）浇上黄色　　　　（b）肌理效果　　　　（c）浇色效果

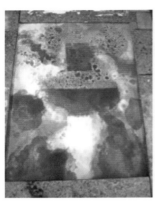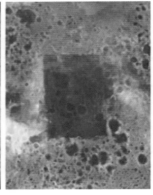

（d）盖住画面部分浇纸浆　　　（e）半透明肌理　　　　（f）加上线条

图 3 − 36　《细胞的色感》制作过程

而《水墨花语》作品是以造型的虚实对比、颜色的冷暖对比、肌理的层次变化等来进行画面的表现（图 5 − 37）。以荷花为作品的主体造型，以泼墨为主要的表现效果，形成一种虚实对比手法。考虑到颜色干透以后，其饱和度会降低，选用较为夺目的大红色作为点缀。这一张主题画作先用黑色、灰色勾勒出大轮廓，如红色莲花的作品，有了大的轮廓以后，再把红色一层一层薄薄地铺上，完成莲花造型后，就可以把外框掀起。到了制作的中期，把颜色鲜艳的红色花朵用塑料片裁出外形，放置在画面上，再细细地浇上红色纸浆，接着稍微调整颜色，把蓝色和绿色的纸浆细心地往画面上浇注，注意其形态，后期制作时，把黑色的重色再次浇上，突出水墨主题。

等稍微流走一些水分时，就可以继续把蓝色、绿色的部分丰富起来，让画面的层次感更为丰富。

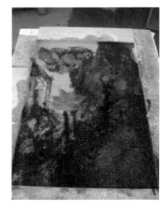

（a）等待干燥　　　　　　（b）掀起外框　　　　　　（c）水墨效果

图 5 − 37　《水墨花语》制作过程

另外，还制作了一张梅花形状的纸浆画，使用回收纸的原始色作为底色，再用黑色纸浆画出线状形态，刚开始画这种黑线的时候，线条相对柔弱，后面再加强线条的力度，使它具有树枝枝节的骨节感，而红色花的部分，主要以点状来点画（图5-38），注意其前后虚实关系，画面上的色彩比较单调，后面再添加赭石颜色来提升画面的层次感（图5-39）。

图5-38 点画红色部分　　　　图5-39 添加赭石颜色效果

本次实验的主要作品如图5-40～图5-46所示。

图5-40 人眼鱼

图5-41 水墨1　　　　图5-42 水墨2　　　　图5-43 水墨3

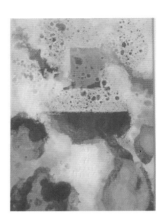

| 图 5 – 44　水墨 4 | 图 5 – 45　细胞 1 | 图 5 – 46　细胞 2 |

（5）型版技法实例——《查克拉》

刚刚介绍的系列绘画作品，是将纸浆材料直接以绘制的方式描绘在画面中。这里介绍型版技法的具体实例（图 5 – 47）。

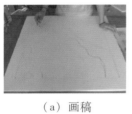

（a）画稿

（b）切割形状

（c）用报纸打浆

（d）填满纸浆

（e）用海绵吸干水分

（f）彩纸打浆

（g）填底色

（h）吸干水分

（i）盖住底色填色

（j）拿走泡沫板　　　（k）打好的纸浆装入瓶中　　　（l）在作品上造型

（m）挤出想要的效果　　　　　（n）完成

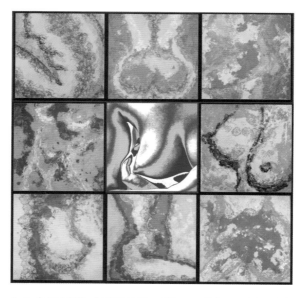

（o）《查克拉》（纸浆材料，250cm×250cm，2010 年）

图 5－47　版型技法的具体实例——《查克拉》

　　如今纸张已经不再被当作作品的载体，人们对纸的要求越来越高，主要体现在纸的质感方面，尤其是对于肌理的表面触觉，被艺术家大胆地使用。这种自然的，并不是非常平整的表面，能够给人们带来亲切感。

　　纸浆造型艺术不仅仅是一种手工的技巧，更是让艺术家对材料的使用有了更多的可能性，它从传统的附属画材，变成了表现的材料，它可以用于纯艺术，也可以用于实用设计。20 世纪初，艺术最大的进步就是打破了几百年来对于画材的限制，所有的材料都成为艺术表现的载体，各种各样的综合材料被运用在艺术中。

　　各种材料在现代艺术与设计中广泛使用，被艺术家当作最为直接的表现思想与观念的媒介，材料具有了独立的美学价值。材料在未来艺术与设计的发展中扮演着越来越重要的角色。

四、纸浆造型艺术教育

1. 纸浆造型艺术教育的可能性

　　纸浆造型艺术，是将造纸的原料纸浆或废旧纸张打成纸浆，直接使用或再加入五颜六色的颜料，利用纸的纤维遇水分散、脱水凝聚的特点，和它特有的质感来进行艺术创作。创作者用纸浆这种材料，可以凭着自己充分的想象，随意地创作出各种各样的平面或立体的艺术作品。有资料考证，在 15 世纪的意大利佛罗伦萨就出现过纸浆制作的半身像，镶嵌在门的上方或放在搁板上来装饰他们的住宅。

　　纸浆有其不同于其他画种的创作方法，但也可以像版画一样重复同样的作品，也可以采用照相制版，用丝网将纸浆印在画面上，纸浆造型艺术就技法来说，应该更接近版画和雕塑专业，其作品风格似版画、油画、雕塑、中国画、染织等，丰富多彩。

　　更重要的是纸浆是一个可以反复使用的材料，一方面可以运用现成的纸箱纸盒、报纸等废物；另一方面失败的或不用的纸浆作品，也可以回收再次利用；纸浆艺术作品的保存时间，短则十几年，长则几十年，若保存方法良好，可以保存上百年。图 5 - 48 ～ 图 5 - 51 为纸浆制作的作品。

图 5 - 48　纸浆日用艺术品

图 5 - 49　纸浆制作的服装作品

图 5-50　纸浆制作的房屋

图 5-51　纸浆美术作品展览的招贴

2. 纸浆造型艺术工作室在我国开创的意义

目前，我国尚没有一个纸浆造型艺术工作室，作为造纸发明国，纸浆造型艺术严重落后的状况不容忽视。建立纸浆造型艺术系统教学和研究、培养纸浆造型艺术家、弘扬中国文化与文明，是中国现代艺术打造自己特色、领先世界艺术潮流的重要环节和路径。

同时艺术纸张的创新，也是目前我国的一个薄弱环节。除了宣纸以外，我国美术用纸的质量，不仅不能与世界强国相比，而且对于国内的专业人士来说，也并不满意。尤其是在版画用纸上，结合木版画、铜版画、石版画、丝网版画以及综合版画等多种用纸的开发，几乎是零。版画也发明于中国，版画用纸是目前美术用纸的主要消费，国外精美但昂贵的各种美术用纸，只能让我国的艺术家望而兴叹。纸浆造型艺术的发展，在对中国现代美术用纸进行研究和开发上，将起到一箭双雕的作用。

同时，纸浆造型艺术在使用工业纸浆以外，多采用废旧纸张进行再利用，旧报纸、旧纸箱、旧衣服等，都是纸浆造型艺术的绝佳材料，对于废物利用，以及环境保护，都起到了积极的作用。

华南理工大学纸浆造型艺术工作室于 2005 年设立，已经开始进行纸浆造型艺术教学的尝试，在缺乏各种设备和条件的情况下，因陋就简，开设了纸浆造型艺术课程，学生反应激烈，争先恐后，创作激情高昂，取得了一定的教学成绩和效果。图 5-52 为学生作品。建立纸浆造型艺术工作室，将会进一步提高教学水准，创作出具有现代气息的、不乏传统理念的新颖作品。这也是我国包括各大美术专业院校和艺术院校中第一间纸浆造型艺术工作室。

图 5-52　学生作品

3. 纸浆造型艺术课程安排

对于传统技法和材料的学习包括造纸历史、东方造纸的技法和材料、西方造纸的技法和材料、树皮树木及竹子的纸浆制作与抄纸技术、流动式抄纸、堆浆式抄纸、纸浆的染色（化学染料、草木染料等）、烘干、纸张防水，等等。

现代纸浆造型艺术的学习包括现代纸浆造型艺术的技法与理论、废纸利用制作纸浆、平面流动式作品、平面堆积重叠式作品（包括型版式）、立体造型的成型、浮雕式、圆雕式、纸浆照相制版的作品制作、纸浆与其他材料的结合、手工工艺纸的制作，等等。

4. 纸浆造型艺术工作室的设备

固定设备：打浆机（图 5 – 53、图 5 – 54）、小型打浆机（可用果汁机代替）、烘干机（包括蒸汽机）、冰箱（保存纸浆用）、抄纸帘、抄纸框（大小各种规格、中西式）（图 5 – 55）、吸水机、染色搅拌机、水槽（大小各种规格、中西式）、木板（大小各种规格）、木架、水桶、水舀、加压机、木条、大型吹风机，等等。

消耗品：纸浆板、染色颜料（各色）、染色液、定色液、纸浆分散剂（猕猴桃汁等）、石膏、防水涂料、漏水箩、棉布、橡胶水管、毛刷、海绵、丝网、各种大小塑料瓶罐、塑料吸管、苏打、废旧纸箱、废报纸、废牛奶饮料纸盒、废旧棉衣物类，等等。

教室：2 ～ 300m² 的可供 4 ～ 50 人制作的场地教室，教室内需要设置多条下水道设施、通风排气扇。

图 5 – 53　日式打浆机　　　图 5 – 54　西式打浆机　　　图 5 – 55　抄纸框

5. 培养方向及办学方式

设计师的培养：培养学生可以运用纸浆进行各种造型的设计、包装的设计、日用品的设计、家具设计（国际上已经出现了纸浆家具）等，以提高我国的现代设计水平。

艺术家的培养：纸浆造型艺术家、结合纸浆材料进行创作的艺术家、工艺美术品创作，等等。

纸浆工程学学生：非艺术专业的学生可以通过纸浆艺术的学习，提高艺术修养，了解纸浆与人们精神生活的关系，研制中国的美术用纸（包括素描、色彩、木版画、铜版画、石版画、丝网版画、岩绘、室内装饰用纸）。

6. 纸浆艺术实验

纸浆造型艺术使用的大多是"西洋纸"和"日本和纸"的材料和技术。"西洋纸"的材料多为木浆，"日本和纸"多为皮浆。纸浆造型艺术作品具有形态自然、肌理亲切、质感丰富、色彩缤纷和可塑性强等特点，其形态既可写实，又可抽象；质感既可自然细腻，又可质朴粗犷；肌理既可稳重饱满，又可轻盈剔透；功能既可艺术观赏，又可日常使用。

传统抄纸是为人们的使用而制造的，包括书写、包装、印刷等，基本上不需要体现什么思想性的内容；而纸浆的艺术作品作为人们欣赏的对象，需要有造型、有色彩、有艺术思想。纸浆造型艺术是单幅制作，不需要像造纸一样大批量地生产，因而一般不考虑在成型过程中的简便与烦琐，只要符合创作的需要即可。

纸浆造型艺术中纸浆材料的来源可以是多方面的，主要集中在三大类，一类是现有的半成品，即工业用纸浆板；第二类是用自然的树皮、树木，或其他的纤维材料进行打浆；第三类是将现有的纸张或不用的纤维材料用品进行回收。

第一类的纸浆板，基本上是规格化的。第二类的材料来源可以是多方面的，如中国宣纸的材料"青檀皮""竹浆""桑树皮"，日本的"楮树皮""三桠皮""麻""莎草""棕榈"等都是纸浆造型表现的重要材料，只要是具有纤维性质的植物都可以。第三类就更多了，除了废旧纸张、废旧的衣物等可以做出非常有质感的纸来，另外还有香蕉皮、洋葱皮等，甚至一些灰尘，还有牛、马、象等动物的粪便里，都可以提取出纤维，做成具有美感的纸张。

如牛仔裤里含有很丰富的纤维素，所用的线也比其他的布要来得粗，所以织成的布不易破烂，因此若想把它打成浆，具有较高的难度。在将这些布剪成较碎的小碎片之后，加上苏打，煮 2～3 个小时，或者在水里浸泡几天，更有效果。

还有如饮料的纸壳等容器，都是非常适合的纸浆材料。首先要把外层的薄膜清理掉，将它们剪成 5cm 左右的纸片，放进水里浸泡 1～2 天。然后放在炉子上用水煮 1.5 小时，如果加入少量的苏打，可以帮助薄膜尽快脱落，薄膜脱落后，剩下的就是细腻洁白的纸浆了。

这些材料运用到作品的创作中时，可以直接使用。平面的作品，一般不要求纸浆的强度，只要求本身的质感和色彩的呈现度。在进行立体作品的创作时，要提高纸浆的强度，以便支撑整个作品的造型。

液体纸浆材料的实验，也是国内较新型的研究。我们所说的纸浆，一般是放入水中，再从水中捞起，将水去掉之后，再使之干燥。而这里所说的"液体纸浆"，是作为材料的液体状的纸浆。它以纸浆材料为主，添加了其他多种辅助材料，以增加液体纸浆材料的强度，这不仅可以进行纸浆造型艺术，更可以引入到设计和工业生产中。

7. 技法造型实验

传统的造纸技术有"堆积抄纸法"和"流动抄纸法"，制作方法是不同的。"堆积"是存积的意思，属于西方的手工造纸方法，是将纸浆从抄纸槽中抄上来后，用帘床过滤掉水即可，此种抄纸方法，纸的均匀度较差；"流动"就是用抄纸帘把纸浆抄上来后，将帘床前后左右摇动，让纤维在流动时逐渐形成纸页，纸浆组织均匀，纵横交织良好，一般较高级的、薄型的纸张都是采用这样的方法。这两种技法其实是代表着中西方不同的抄纸技法，中国所代表的"捞纸"技法，也就是"流动抄纸法"，西方的"浇纸"也与"堆积抄纸法"相似。

从技法上来说，纸浆造型艺术是建立在传统抄纸的基础上，但比抄纸要复杂很多。首先它注重造型的创造，这个造型可以是平面的，也可以是立体的；再者画面要有色彩的变化，可以是单色的渐变，也可以是多色的组合。因此纸浆造型是具有传统技法和现代审美的新型的艺术学科。

我们在前面的章节中所介绍的各种以纸浆材料进行的平面与立体的艺术造型的方法和技法，如金属格子法，可以做出各种纹样和图形，格子可以使流动的纸浆固定在一定的范围内。制作时将金属模板牢牢地固定在画面上，根据画面，将不同颜色的纸浆注入各个格子里，这样就会做成非常精美的作品。这种技法可以进行大批量的复制，适用于美术作品以及商业运用。"型版技法"是运用泡沫板，或其他的厚一些的纸板等也可以运用。这种技法可以将作品分层制作，先浇上一层底色，再将裁好的板型盖上去，浇另外的颜色纸浆，这样可以根据不同的造型进行板型的叠加。在此基础上，再进行局部调整，可以是写实的作品，也可以进行抽象造型的创作。另外，还有立体作品的各种制作技法，等等。

8. 纸浆造型的社会应用

作为艺术品：以纸浆为材料的艺术创作，所产生的作品，与其他艺术品具有同等价值。随着人们生活的改变，同时具有传统特性和现代形式的艺术作品，是人们永远的追求。纸浆造型艺术的美感，决定了它的艺术价值的永恒性。

作为设计的日用品：区别于纯艺术的家庭装饰品，是纸浆造型艺术普及的重要手段，灯罩、日用工艺品、家具、服装等，都是纸浆造型研究的重要课题，与厂家挂钩或批量生产，都将产生直接的经济效益。

艺术纸张的研究：上面也提到了，我国艺术用纸张与国外存在着明显的差距，提高我国艺术用纸的研究与开发，已迫在眉睫，尤其作为各版种的艺术用纸，在我国几乎是零。版画是具有复制性的作品，国外的画家一张作品都要印制数十或上百张，有的要几百张，一年一位画家创作十张作品，其用纸量就将在几百或上千张。中国有几千位的专业版画家，还有大量的版画爱好者；另外各大艺术院校，加上民办的，有一千多所，其中版画专业在校生以及版画选修课等课程，每年的版画用纸可想而知。物美价廉的中国造版画用纸，必将受世界艺术家的青睐，成为出口的又一产业。

纸浆造型艺术的研究是不断创新的，不管是技法、材料都能够揉捻出新生的概念，创作出平面的、二维的、三维的或者是空间创意的作品。挖掘具有中国悠长的历史文化底蕴的创新概念，结合纸浆材料特性，加上现代综合材料绘画艺术应用，就有变幻万千的创意。这样，纸浆造型艺术创作理念及其发展就具有无限可能性。在国内，纸浆造型艺术还属于较新的专业科目，我们更应去发展曾经的文明，并提倡把纸浆造型艺术作为艺术类的专业学习，这样才可以培养出更多拥有这方面才能的人才。

第六章　纸浆造型艺术创作作品赏析

纸浆造型艺术作品在国内的展览是比较少的，国际上有过几次大型的展览以及活动。目前很多运用纸浆材料的艺术家，通过画廊、出版物等发表自己的作品。这里介绍一些有关纸浆造型艺术的作品，从中学习了解纸浆作品的各种各样的艺术思想和技法。

在图 6-1 中，我们可以观察到有深颜色的圆形，可以参照前一章（技法一）的制作过程，通过颜色一层一层铺垫，得到一种厚重的色调效果，这是作者通过用黏胶纸的模式制作的作品，等待干燥后就可以涂上柿漆，一部分着上油性的金色。

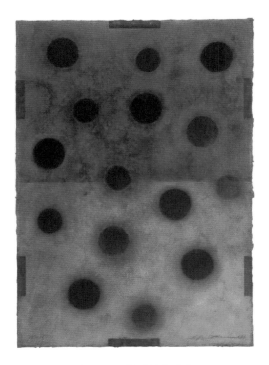

图 6-1　黄昏的女孩们

黑崎彰（日本），1999 年，66cm×46cm

图6-2中，艺术家将自己的胸透 X 光的照片，运用纸浆的照相纸版，用再生纸浆、楮树纸浆、金属扣眼、蜡等材料制成，外形犹如羊皮一样。运用抄纸框多次抄纸，将所抄的纸重叠在一起，最后脱水干燥后，画面全体涂上蜡，再对作品的某些地方使用燃烧器，烧出焦色，把边上的地方钉上金属扣眼。

图6-2　伤标

青茂（日本），照相制版的纸作品，2000 年，54cm×42cm

　　书和纸是记录历史及文化的载体，是知识的宝库，同时也可以被看作是一个艺术的综合体。国际纸协会于 1982 年在日本京都举办了"纸的国际会议·京都"与"纸的美术·美国"的合并展，斯图尔特的这件满是泥土的书（图6-3），给观者留下了强烈的印象。斯图尔特的照片也是影响了以后的"以书为艺术（Book Art）"流派的最初的作品之一。她每每将自己所造访的地方的土收集起来，运用到自己的纸浆作品中，使其作品像是被发掘的历史遗迹一般。斯图尔特舍弃了作品表面的造型，将自然、时间、历史、地点等社会元素巧妙地融入作品之中。

图 6 - 3　Xolotl 的书（献给戈登）

米歇尔·斯图尔特（Michelle Stewart，美国），1980 年，15.2cm×23.5cm×7.6cm，

手工制作的漉纸、土、布、纽扣

　　刘易斯是长期活跃在纽约的画家、雕刻家和造纸艺术家，他受到了曾在 20 世纪 50 年代开拓了纸浆造型艺术的道格拉斯·豪威尔的指导，很早开始有关纸浆材料的艺术创作的实验。刘易斯把道路中的裂纹、荒野中的地面等肌理形状直接用石膏或其他材料做成模型，再将纸浆反复多次地注入模型中，以增加纸的厚度。在进行纸浆脱水的时候，并不用现成的脱水机，而是用脚踩木板的方式，使得作品呈现出自然的表面肌理效果（图 6 - 4）。

图 6 - 4　Altos de Chavon

戈尔达·刘易斯（Golda Lewis，美国），1984 年，84cm×94cm，抄纸重叠和型的技法：棉浆、型

这是 1997 年在费城举行的路兹作品回顾展时的场景照片。图 6 - 5 左上角的作品《向性》的长度有 4m，由此可以想象出这些各式各样的作品的尺寸了。由于路兹学习过雕刻，并一直在进行雕塑的教学，她将雕塑的理念融入纸浆的立体造型中，做出如此规模、如此强烈的纸浆造型的作品。而且有这样独创技法的想法的作家还是从未出现的，这是一次革新的尝试。这个作品是用布覆盖着木框，并巧妙地进行填充造型，然后将纸浆干燥，最后取出立体模型做成纸浆作品。

图 6 - 5　向性（在刺激的方向中转曲的性质）

温尼弗雷特·路兹（Winifred Lutz，美国），1988 年，365. 7cm × 132cm × 289cm，

铸件纸浆技法：纸浆通量、颜料

　　威尔士居住在澳大利亚南边的塔斯马尼亚岛，这里有着历史悠久的造纸业。威尔士在霍巴特大学的纸工坊进行指导和制作，举办过两次画展，作为策划者之一，在澳大利亚举办了两次国际纸的研讨会。威尔士的纸浆作品灵感来自于塔斯马尼亚的风景，造型来自于书的形状，但威尔士一直在追求着更加自由的"书"的形式（图6-6），这构成了今天的威尔士的立体纸浆作品。

图6-6　风景的记号法·红书

威尔士（Penny Carey Wells，澳大利亚），1999年，130cm×76cm，

造型纸和书的技法：染料染的棉花和蕉麻皮浆、折书型

韦伯曾经在日本留学，深入了解东方造纸的技术。韦伯的作品有厚重的纸浆材料的浮雕和雕塑、有华丽的纸浆绘画以及拼贴的作品。其风格多样，技法丰富。在《地与天之间》（图 6–7）这件作品中，以墙面的平面作品和地面的立体作品相结合构成的装置作品，显示出了她运用纸浆材料的绘画技巧，和对于几件不同大小的纸浆立体盒子的组合的能力，具有很强的灵感性和潮流感。

图 6–7　地与天之间

苔蕾丝·韦伯（Therese Weber，瑞士），1995 年，170cm × 140cm，

纸浆绘画和拼贴技法：手工制纸、拼贴画、蜡笔

随着 20 世纪 70 年代的具象回归，超现实主义流派的兴起，而出现的克莱斯的这一张肖像作品（图 6-8），让世人惊叹不已，但他的作品又与其他的超现实主义的画家截然不同，并不只是简单地去描绘照片，而是将照片进行了非常巧妙的加工，画面带有很强烈的手工感，他不用普通的丙烯、水彩、水粉甚至油彩来制作，而是去纸浆制作的工房，采用纸浆材料来进行制作，《格鲁吉亚》这一系列的作品，将照片分解成几个深浅不同的色调，然后进行纸浆的分色，调配出不同深浅的纸浆颜色，再用金属做成不同形状的小格子，制作出纸浆片，按照画面上的编号进行图像拼贴。克莱斯制作了 200 多个金属小格子，浇出了几千个小纸片。

图 6-8　格鲁吉亚

恰克·克莱斯（Chuck Close，美国），1984 年，142.2cm×111.8cm，限定张数 35，

纸浆绘画和型的技法：手工纸制、纸浆、颜料

装置艺术是将各种立体素材和一个空间相结合进行展示，以整个空间为一个作品，体现出艺术家的创作思想。Yooah Park 的这件作品，如图 6 - 9 所示的是直径 5m 的巨大的圆形的纸浆造型，充满了整个空间，造型只是单纯的纸浆材料的浇筑，和自然干燥所形成的弯曲，没有其他人为的塑造，作品呈现出一种超越了人与自然的存在感。在韩国有很多只使用单色的艺术家，Yooah Park 就是其中的一个。他还创作书法以及黑色的陶雕刻等作品。

图 6 - 9　纸装置
Yooah Park（韩国），1999 年，直径 5m，纸浆

AD Jong Park 于 20 世纪 80 年代分别在美国和韩国学习雕塑和绘画。她通常以布为素材进行软雕刻的创作。纸作为纤维素材的意义，给了她很大的灵感。作者在楮树皮制作的楮树纸上涂上墨汁，然后裁成很多小细片，与亚麻布结合，进行编织，形成柔和且丰富的质地感和形态（图 6 – 10）。柔软的雕塑可以平摊，也可以聚合，探讨纤维雕塑的可能性。

图 6 – 10　白斗篷

AD Jong Park（韩国），1986 年，287cm×195cm×76cm，

纸捻和软雕刻的技法：楮树皮浆、墨、亚麻布

长冈国人长期居住于德国，作为国际上有名的铜版画家，长冈国人从 20 世纪 80 年代中期开始尝试运用纸材料和拼贴的技法进行创作，制作出大量具有强烈个性的作品。他主要使用蚕丝、竹、杉皮、麻、草等素材的纸浆，运用紫红漆、土、石等矿物质以及木炭这些材料染色，体现了作者对于自然素材和天然色料的关注，给予作品强烈的特征。作品的制作程序是先做出模型，在模型里涂上紫红漆和土的着色，再浇灌纸浆，纸浆中掺入粗糙的树皮、草皮等，形成具有较为粗糙的表面肌理的作品（图 6 – 11）。

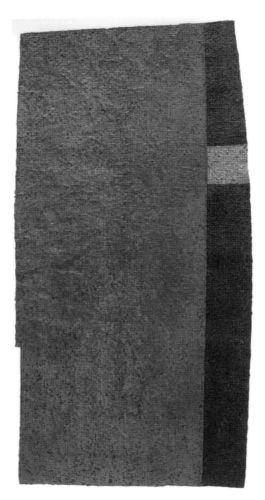

图 6 – 11　大地的脱皮
长冈国人（日本），1991 年，196cm×83cm，沉淀过滤和型的技法：
纸浆（竹、杉皮、麻、草）、紫红漆、土、柿漆

　　福瑞德里克所建立的华盛顿（美国）近郊的大西洋金字塔工作室，是给作家们提供版画、纸造型和手工书创作的工坊。作为工坊的主持，福瑞德里克与作家们共同制作并担任技术指导。同时，她自己也进行创作，福瑞德里克运用将纸浆分散剂和纸浆掺合在一起倒入塑料瓶中，然后挤出纸浆的技法，也可以称作为纸浆绘画的技法，创作出象征多彩的社会和生活的具有强烈风格的作品（图6－12）。

图6－12　灾难：生命迹象

海伦·C. 福瑞德里克（Helen C. Frederick，美国），1991年，228.6cm×401.3cm，

纸浆绘画技法：亚麻布、棉花、楮树皮浆、颜料

　　Polinskie 的这件作品（图6－13）也是在大西洋金字塔工作室制作的。这种黑色幽默的形式，具有很强烈的美国风格。制作技法可以看出是利用模型进行颜色纸浆的浇灌，干燥后，将成型的纸浆取出，再进行手工上色。这是两个一组，限定12组的重复作品，从某种意义来说，也属于版画的概念范畴，不过是浮雕式的版画。

图 6 – 13　Boswald
Ken Polinskie（美国），1994 年，44.5cm×368cm×5cm，
浇注纸浆的技法：亚麻布、棉花纸浆、颜料

　　Seo-Bo Park 是韩国现代美术的重要代表，描绘意识与无意识之间存在的行为，以及材料的运用，一直是画家主要的表现主题。Seo-Bo Park 从来不用现有的画材店贩卖的画材，对他而言，自己国家的楮树纸浆就是最好的表现材料。Seo-Bo Park 从 20 世纪 80 年代开始尝试纸浆材料的作品创作，不管是大尺寸还是小品，都将纸浆作为黏土和绘画工具来使用。这幅作品（图 6 – 14），运用纸浆的多层覆盖，再经过多次揉搓，在画面上形成有规律的凹凸，体现有意识的行为和无意识的画面的冲突。

图 6 – 14　画法 NO.930826
Seo-Bo Park（韩国），1993 年，16cm×23cm，混合媒介：桑树纸浆、颜料

　　纳什居住在美国亚利桑那，那里空气干燥，土地枯竭，生存环境艰难，纳什一直非常关注美国原住民的生活景象。这幅拱顶作品《在薄暮下的梦》（图6-15），将生活在荒野的人们的夜空体验，和朴素的帐篷式住居相结合，体现出纳什的想象力。将布绷在准备好的木框上，做成一个帐篷，再用特制的喷枪，喷出蓝色的纸浆，趁着未干燥前，用颜料绘制出星星和星座，再继续喷纸浆。做成拱顶后，从帐篷的里面看上去，厚薄不一的纸浆，透出不同的光线，呈现出斑斓的色彩，犹如夜色下的极光。

图6-15　在薄暮下的梦

凯瑟琳·纳什（Catherine Nash，美国），1994年，高3.68m，直径4.065m，
喷枪和水印的技法：纸浆、木棉布、塑料纸浆

武藏笃彦从事版画和油画的创作，在油画创作中，武藏通常都是自己制作画布，在画布上做出很多不同的凹凸肌理，再进行颜料的绘制，这种凹凸感，武藏会选择纸浆材料来制作。作为载体的画布，本身也成为作品中重要的造型，是武藏这一时期新的表现语言。用很薄的铅弯曲成各种形状，将纸浆浇在上面，再用海绵脱水，等干燥成型后，用固型膏、乳胶等涂抹在表面上，再用丙烯、岩绘的颜料等着色（图 6-16）。

图 6-16　青色的表现

武藏笃彦（日本），1996 年，83cm×61cm，铸件纸浆技法：木材纸浆、

铅板、丙烯酸、丙烯绘画工具、岩绘工具

　　铃鹿芳康虽然是一位影像艺术家，但也一直积极地运用各种其他媒介、技法来进行自己的艺术创作。对纸浆材料的运用，也展现出他非常幽默的一面，是一位思路敏捷、艺术语言简练的艺术家。一般来说，纸浆造型艺术会经常运用回收的废旧纸张来制作，而铃鹿却从朋友那里收来了不要的衬衣，将衬衫分解打浆之后，再把它做成衬衣的造型。铃鹿的这幅《解脱的衬衣》（图 6－17）意图将衬衣从实用穿着的功能中解放出来，而将衬衫主人的日常生活、时间、习惯、记忆等凝结在这个瞬间中，从而从实体固体的衬衣中"解脱出来"。

图 6－17　解脱的衬衣（渡部将佳氏的衬衣）
铃鹿芳康（日本），1998 年，67cm×53cm×4cm，回收纸浆：旧衬衣

冈普司是一位主要以铁为制作素材的雕塑家，作者经常将又重又硬的铁与植物等有机的造型结合在一起，进行创作，其中也有将植物分解之后再与铁材料结合起来的作品。这件《无题》（图 6－18）中，冈普司没有使用铁材料，而只用了植物。他从山上采集了葛藤，经过蒸煮后，将皮剥下，再用石头把葛藤皮敲打碾碎，直至成为纸浆状。之后用金属网做成需要的造型，将葛藤浆湿敷在表面，从金属网上取下，再进行表面的处理。与敲打碾碎时使用的石头一同展示，为人们揭示了硬与软、人工与自然等哲理的意义。

图 6－18　无题

冈普司（日本），1994 年，直径 106cm，技法：葛藤纸浆、自然石

　　三狱伊纱经常从石、金属、木、蜡以及其他各种原材料中，寻找材料的特性，运用立体构成的方法，制作一些带有神秘性的装置作品，其中也有许多是运用纸浆材料的作品。将楮树浆加入分散剂，浇在事先铺好的工作台上，形成很薄的纸张，再用这个纸张做成大的纸袋形状的造型。这种具有透明感和湿润感的纤维质感，是作者多年的追求。在这幅作品中（图6－19），她将纸袋涂上一层硅胶树脂，显示出纸浆材料在湿润时的透明材质感，表现出纸浆在空气中所特有的一种似有似无的状态。

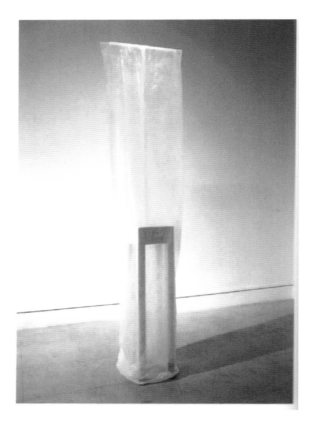

图6－19　庭——明天的记忆
三狱伊纱（日本），1997年，167cm×37cm×20cm，
抄纸技术：楮树、硅胶树脂、木

井田照一以石版画作品而著名，从 20 世纪 70 年代后期开始制作纸浆材料的作品，从他的作品中，可以解读到其独特的美学，享受到感性的诗与情。《石子与叶子》（图 6 – 20）中的叶子是运用石版技法印制的，纸浆的色彩用泥土染色，呈现出大自然的肌理和色彩，真实的石子与画意的叶子，使得画面产生出一种浓浓的诗情画意。其他作品见图 6 – 21、图 6 – 22。

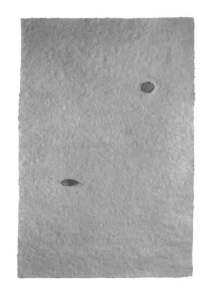

图 6 – 20　石子与叶子
井田照一（日本），1979 年，楮树纸浆，
泥土染色，石子，石版印制

图 6 – 21　Lucus in Walla Walla-No. 1
井田照一（日本），1989 年，纸浆，稻草

图 6 – 22　大地
井田照一（日本），134cm×205.3cm×11cm，纸、泥、古布、骨

　　黑崎彰也是一位世界著名的版画家，早期主要以木版画创作为主，由于版画对纸张的要求很高，黑崎彰逐渐对纸浆艺术产生了很大的兴趣。从 20 世纪 80 年代中期开始，黑崎彰甚至放弃了版画创作，全身心投入到纸浆材料的作品中，他深入到日本越前地区的造纸工坊里，与技术人员一起进行作品的制作。

　　这幅《绿色的风向标》（图 6－23）的上半部分添加了三桠植物较为粗糙的纤维。然后涂上骨胶和明矾的染料，再用丙烯着色，这期间数次涂抹柿漆，用柿漆透明的深褐色来调整画面。再在画面的中间印上手的造型，最后用色粉笔着色加工。

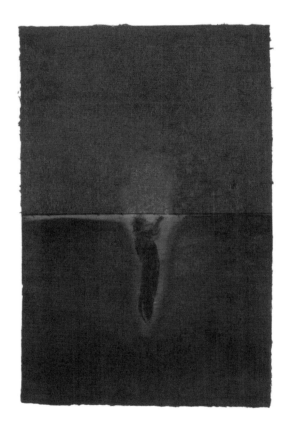

图 6－23　绿色的风向标

黑崎彰（日本），1991 年，95cm×60cm，重叠过滤法：自然色的桑树和
三桠树金花纸浆、绢丝、染料、丙烯绘画工具、粉彩、胶水、柿漆

这幅作品（图6－24）用了和《绿色的风向标》一样的方法，绢丝夹在中间重叠于桑树纸上，涂上明矾的染料，然后将纸的整面涂上染料，趁没干的时候，用身体、手足的一部分印压上去。再用丙烯颜料、柿漆调整色调。可以说，这是一幅从制作纸开始，到最后印制完成的版画作品。

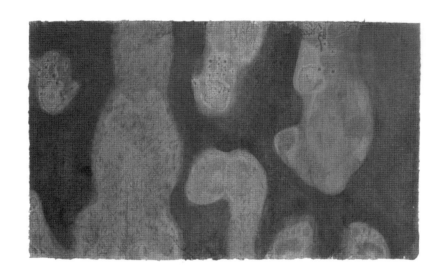

图6－24　木偶戏
黑崎彰（日本），1991年，60cm×95cm，纸浆重叠技术：
自然色桑树纸浆、绢丝、染料、丙烯绘画工具、胶水、柿漆

　　这是一幅将两张大尺寸的楮树纸，中间夹上棉线的作品（图6-25）。制作一个大型的木框，将棉线绷在木框的两侧之间，然后将木框摆放到事先抄好的纸上，将棉线从两端剪断，再抄另一张纸覆盖在这张纸和面线上，进行干燥。之后涂上骨胶和明矾，再施予染料进行色彩的处理，最后用柿漆进行一部分颜色的调整，同时也起到防潮的作用。

图6-25　红色的记忆

黑崎彰（日本），1991年，210cm×153cm，技法：楮树皮浆，柿漆，染料，丙烯颜料樋尾正次早期从事绘画，但在平面的架上绘画，总不能满足樋尾正次的三次元的感官，当他拿着纸在比画着空间感时，一瞬间的灵感，让他步入到了纸浆素材的创作中来。从传统的造纸文化遗产，感觉到了古人的那种审美精神，于是樋尾正次使用传统的最为单纯的技术，意欲营造出独特的生态。将抄好的纸张，贴在成型的框架上，涂上柿漆或植物染料，等纸张干燥后，会绷平以形成各种曲面。近年来，樋尾正次不断挑战大型的作品，直接展示在大自然的空间中，介于建筑与雕塑之间的立体作品，让人们思考传统与现代的关系，如图 6-26～图 6-28 所示。

图 6-26　停止之物
Masaji Kashio（b. 1933），樋尾正次（日本），1963 年

图 6-27　小屋
Masaji Kashio（b. 1933），
樋尾正次（日本），1983 年

图 6-28　帆船
Masaji Kashio（b. 1933），
樋尾正次（日本），1990 年

井上隆夫是水墨画家，熟知纸和墨的特性。他认为，几千年的造纸术，练就了造纸工人们熟练的技巧，作为艺术家，没有必要去与他们比造纸的技术，艺术家应该把这些当作材料来进行自己的创作。井上隆夫使用有云纹的麻纸，将墨点置于纸的中间，墨与水在蒸发的过程中，会在纸上留下痕迹。井上隆夫将材料的生理原理，在变化中产生的视觉化，运用到了自己的创作中。而这件《Sept》（图6-29）装置作品，意图用这些轻盈的、宛如荷叶的纸浆作品，让观者去感觉空气的动态。时间、空气等自然中的抽象概念，一直是井上隆夫重要的表现主题。

图6-29　Sept
井上隆夫（日本），1999年

吉永裕的这幅《NR－1－99》（图6－30），是将一张整开的纸折起来，然后进行染色，等将染好色的纸平铺开来后，会发现每一块的颜色不一样，尤其是折纸时的边缘，清楚地展现在观者眼前。再运用颜料、色粉笔等绘画色，进一步进行绘制，让作品呈现出更加丰富却统一的色调，营造情感与气氛。

图6－30　NR－1－99
吉永裕（日本），1999年，和纸

　　昆野恒是一位雕塑家，早期的雕塑作品多使用铜、木、石膏、水泥、金属板等材料，20世纪60年代开始，以纸材料进行立体作品的创作。很多雕塑作品都在追求重量感，无论是材料、还是造型，在视觉上的量感，往往决定作品的好坏，而昆野恒的作品正与之相反，却在追求雕塑的轻量感，而纸材料给了他莫大的灵感，他的雕塑不需要底座，或挂在墙面，或悬吊在空中，给雕塑艺术注入了新的视觉观念（图6-31）。

图6-31　和纸的造型展
昆野恒（日本），1999年

北山善夫的作品在探索空间的构成方式，他自己曾说道，"作品的形态就是将点到点、点到线、线到面、面到量，这些分散的素材统合到一起，形成'体'，这个'体'就会膨胀，产生不可预知的力量"。北山善夫将竹子进行构成组合，将小纸片无规律地随意粘贴上去，让观者产生犹如在看着细胞的分裂，不断地膨胀、繁殖，这个"体"在观者的心中不断增大。而反观那些没有贴纸的空隙，又让人觉得这个"体"的收缩，人们的眼光在这种变化中不断交错，如图 6 – 32 所示。膨胀与收缩是北山善夫最重要的表现主题。

图 6 – 32　远望

北山善夫（日本），1987—1999 年

　　伊部京子将纸浆搓成丝状，做成巨大的网状的造型，使得自己的作品能自由自在地在空间中进行构成组合。光的运用是伊部京子这一时期最主要的展示特色，灯光透过网纹，照射在地面上，形成虚构的网纹投影，而有的部分有光的照射，还有淹没在黑影中的部分，营造了一个虚与实的装置场面（图6－33）。

图6－33　红色的丝
伊部京子（日本），1989 年

角喜代则不只是使用楮树纸材料，也使用报纸等废旧的纸张，将它们一层层地贴在一起，干燥后，运用削、刻、磨等雕塑的技法，进行雕刻。纸对于角喜代则来说，只是单纯的材料，自己考虑的就是如何做出需要的造型，但经过雕刻的纸，其断面犹如地层的纹理，产生意想不到的曲面和纹样，与那些优质的日本纸的抒情美不同，完全是一种苦涩的、意想不到的酷感美，给人们带来了新的视觉感受（图6－34）。

图6－34　妖精之舞
角喜代则（日本），1993 年

柳井嗣雄的《风化了的世纪》（图6－35）是他近年来以《遗物》为主题的系列作品之一，运用纸浆材料制作历史上著名人物的肖像。用细金属丝，网成一个个的头像造型，然后将纸浆浇洒在上面，落在金属丝上，形成表面的肌理和造型。每一个头像都要经过反复的修改，才能让人一眼认出作品中的历史人物。场面中间腐朽的大树，是在麻的表面将纸浆喷洒上去，这些纤维在麻的表面干燥后，变成粗糙的纸一样的效果。纸浆只是作品的材料，人们看到的是纸浆的纤维，这些纤维构成了柳井嗣雄展示的最原始的、最自然的纸的雏形，唤起人们被风化了的记忆。

图6－35　风化了的世纪
柳井嗣雄（日本），1999年

克瑟琳·克拉克是纸浆造型艺术发展的重要代表人物，20世纪70年代开始，克瑟琳·克拉克就创立了"纸浆造型艺术"工作室，成为美国现代手工造纸工房的样板，为更多的纸浆工房提供了典范。克瑟琳·克拉克很早就开始与艺术家共同创作，为纸浆造型艺术家提供场地和技术支持。她本人也创作了大量的作品，她经常将有色的纸浆，用各种容器进行抄纸，不断地拼贴重叠在画面上，具有很强的绘画效果，如图6-36所示。

图6-36　Squaw
克瑟琳·克拉克（Catherine Clarke，美国），1993年

阿曼达·德邱妮也是有自己的纸浆造型工坊的艺术家，一方面经营着自己的手工作坊，一面也创作了大量的作品。得天独厚的条件，让她可以创作大型的作品，同时也手工制作书籍。这幅作品（图6-37）是模仿了英国著名的童话《奇妙国的爱丽丝》中的一页，全体是几张大型的手工楮树纸，四周以鲜艳的色彩画出很多图案，中间的文字是《奇妙国的爱丽丝》中的诗句，阿曼达·德邱妮自己朗读这些文字，以强调纸与文学的关系，构成了这个大型的行为艺术。这件作品是得到一个艺术基金会的赞助，而为其所做的。

图6-37　Alice in Wonderland
阿曼达·德邱妮（美国），1994年

帕特·肯特娜以自己独特的造型能力把"纸浆绘画"发展到了极致。这幅作品《Feeding Koi》（图 6-38），是一幅非常写实的表现鱼的作品，而制作过程堪称是一次精密的策划。一般的艺术家在绘画时，都是从作品的正面开始绘制，而这幅作品是反过来画的。肯特娜首先要计算好这幅作品中的层次，再将所有的颜色纸浆准备好，准备好可以抽气的工作台，台子上铺好衬布，然后依照自己计算好的从最表面的造型开始绘制，使用的纤维有木浆、楮树浆、棉浆、丝浆、各种麻浆，分别浇往画面，一层层重叠，最后浇背景，结束所有的层次绘制后，开动抽气阀抽水，再将作品翻过来，揭掉表面的衬布，这才看到作品的全貌。

在制作的过程中，一直不可能看到画面效果，没有精细的计算，以及多年的经验，实在是不可能达到的，而这种制作方法，也充分发挥了只有纸浆材料才能做到的特性。

图 6-38 Feeding Koi

帕特·肯特娜（荷兰），1998 年

　　佩塔·肯特娜为纸浆造型艺术而专门设计了打浆机和抽气台，让很多艺术家能进入到纸浆材料的创作中来。而佩塔·肯特娜本人，也使用自己发明的这些工具，创作纸浆的立体作品。

　　佩塔·肯特娜的制作方法是：（1）在抽气台上铺上衬布；（2）抄好纸平铺上去；（3）将金属丝、竹丝等线状材料按造型铺放在抄好的纸上面；（4）再抄一张纸覆盖在上面；（5）开动抽气阀抽水；（6）自然干燥。

　　作品干燥后，由于是纸材料的原因，出现了收缩，产生了弯曲，而佩塔·肯特娜的打浆机可以将纸浆纤维打得非常细腻，干燥后会有40%的收缩率，再加上纸的中间还夹着线材料，而这些线材料是不会收缩的，收缩与不收缩的对抗，使得平面的纸剧烈变形，出现了意想不到的扭曲，显出纸浆的张力（图6-39）。

图6-39　Water form

佩塔·肯特娜（荷兰），1995年

这件作品（图6-40）是沃塔比·奥罗斯在日本的京都文化博物馆做的装置艺术作品，每一片纸浆都是经过作者精心制作的，并排列组合在一起，以暖色调为主，每一片都有微妙的变化，构成一道金色的光，与台面的大理石相呼应。可惜沃塔比·奥罗斯英年早逝。

图6-40　在京都文化博物馆的装置
沃塔比·奥罗斯（巴西），1989年

伊部京子将纸浆材料当作颜料，当作墨水，尽情地挥洒，营造水墨效果，如图6-41所示。在制作过程中（图6-42、图6-43）运用到多种技法，在白色的背景上，模仿墨色的浓淡，再趁纸浆未干之际，铺上透明塑料皮，进行拖动，更增加画面流动的效果。当作品装饰在以木头为材料的室内空间中，规矩的直线，与流动的画面产生对比，平添了豪华氛围。而纸浆材料与木材的结合，更为我们提供了一首自然的乐曲。

图6-41 流动
伊部京子（日本），1998年

（a）　　　　　　（b）　　　　　　　　（c）　　　　　　（d）

图6-42 《流动》作品制作过程1　　　图6-43 《流动》作品制作过程2

纸浆材料与现代建筑装饰材料的结合，一直是伊部京子多年来探索的主题，与环境相结合，营造一个特定的空间，这就叫装置艺术。从空中悬挂下来一些类似网状的造型，其中穿插繁多的各色纸片，这种非常随意的形态与建筑的形体，形成了质量的对比。运用不同材料的纸片，有反射光，有吸收光，也与建筑内部的光感形成呼应（图 6 – 44）。

图 6 – 44　京都火车站百货店大厅内的纸浆材料装置作品
伊部京子（日本），1999 年

　　这是平野友一以纸为原料的设计作品，以恐龙为主题，用纸板为材料显得简洁大方，以直线和规矩的曲线相结合（图6-45）。最初的原型是一枚恐龙蛋的造型，然后可以打开，变成恐龙，就如现在玩具中的变形金刚。造型具有一定的夸张性，透出幽默的感觉。这种纸板非常坚韧，是一种合成纸浆的材料。

图6-45　恐龙蛋
平野友一（日本），1986年

这是黑须和清以一张纸的材料进行巧妙的构思，进行裁切所构成的作品（图6－46）。完全只利用这一张纸，这张纸所有的部分都运用在这个作品中，它的技巧在于既不添加其他的纸张，也不舍弃这张纸的任何部分。艺术家黑须和清一般采用正反面不同颜色的纸张，将纸张进行切割，切割之后折叠造型，如这幅萨克斯作品以萨克斯的主体与阴影为主题，巧妙地运用这张纸正面的金色和反面的灰色，体现出一种绝妙的设计感和创意。

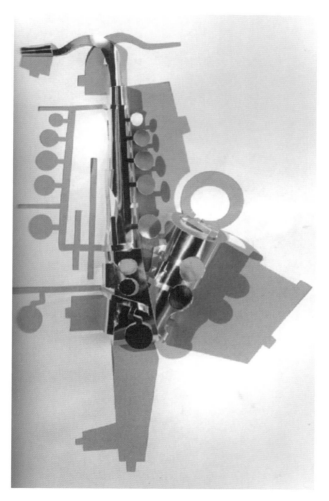

图 6－46　萨克斯管
黑须和清（日本），1985 年

　　三大构成是现代设计基础，以纸为材料的立体构成是三大构成中的重要课程。杉井清次（1925—　　）的这幅画是以椅子为主题的作品（图6－47），与刚才谈到的黑须和清的设计理念有异曲同工之妙。他也是在一张纸上进行裁切与折叠，做出各种各样的椅子造型，有咖啡馆的椅子，有台阶相连接的椅子，在光的作用下，演绎出绝妙的视觉效果。作品《春夏秋冬》（图6－48），利用具有季节性的造型与色彩，恰到好处的光影，营造出春夏秋冬的气氛。

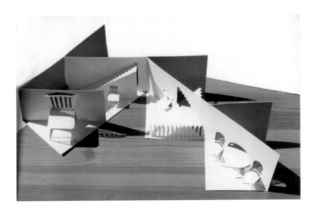

图6－47　椅子
杉井清次（日本），1986年

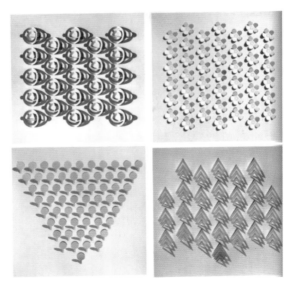

图6－48　春夏秋冬（以纸为材料的立体作品）
杉井清次（日本），1986年

谷内庸生以纸为材料，以五角星为主题，创作了大量的作品。这幅《母子星》（图6-49），通过不同方向的子星，连接在中间的一颗大的母星上，累积出立体与空间感。另一幅《闪烁之星》（图6-50），通过几何状的裁切和折叠，巧妙地构成五角星的形状，透过光线在几何形状中的穿插，产生闪烁的光感，进而带给人们美好的想象。谷内庸生的作品利用单纯的白色的纸，通过外折内曲表现出纸的各种情绪。

图6-49　母子星
谷内庸生（日本），1986年

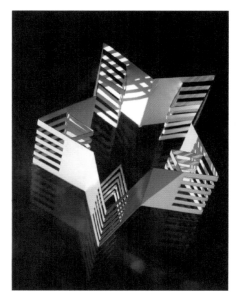

图6-50　闪烁之星
谷内庸生（日本），1986年

设计师北川佳子（1946—　）以蜗牛的旋转造型为灵感，设计了不同尺寸的具有现代感的包，将六张卡纸进行折叠使之组合在一起，构成六角形，利用同样的形状的穿插，使其侧面产生漩涡，一般材料选择银色的卡纸，背面为黑色，产生高贵的质感，包的大小尺寸不同，具有包和盒子的两种用途（图6–51）。

图6–51　蜗牛系列包

北川佳子（日本），1984年

田渊高次以废弃的报纸为原料，制造再生纸，来进行各种小型用品的设计。这种再生纸，以前只是作为填充材料而使用的，田渊高次直接用在了他的设计中。这种较为粗糙而且带有毛边的手工纸，直接用在了他的设计中，带给人们一种怀旧的情怀（图 6 - 52）。

图 6 - 52　Wave
田渊高次（日本），1985 年

　　家庭的装饰中，也经常要用到纸，八萩喜从郎将四种不同的油纸进行组合，而且连接这些纸张时并不是简单的粘贴，而是采用缝纫机将纸缝在一起，与传统的老式建筑相融合，显现出现代的设计理念。油纸的这种半透明的特性，使得强烈的光线变得柔和温馨，使得室内的光线既敞亮又不刺眼（图 6 – 53）。

图 6 –53　窗帘
八萩喜从郎（日本），1986 年

渡边力针对儿童创作的各种玩具，孩子们可以将其当作凳子和桌子，也可以在玩耍时当作玩具，甚至可以在玩具上涂鸦，采用较为厚的，具有一定强度的纸壳和纸板，以直角平面为造型以及简洁的立体造型，能够供儿童们反复玩耍，造价低廉，相对安全，给孩子们带来了丰富的想象（图 6 – 54）。

图 6 – 54　孩子的玩具

渡边力（日本），1986 年

　　王雁创作的升腾，在若有与若无之间，期待看似不经意的变化带给人们不断向上升腾的感觉（图 6 – 55）。

图 6 – 55　升腾
王雁（中国），71. 5cm×53. 5cm×0. 2 cm，2011 年

参考文献

［1］田只可. 解析中国画论之笔墨于山水画中的运用［J］. 美术界, 2012 (28)：79.

［2］山下寅次. 中国制纸法发明及世界传播［J］. 纸业杂志, 1939 (6)：6－13.

［3］田萌. 结构与中国山水画的造型［J］. 国画家, 2012 (3)：24－25.

［4］张珂, 朱斐然, 黄冬妮, 等. 利用废旧衣服与废纸纤维纸材料制作布衣纸服装的实验研究［J］. 纸和造纸, 2015 (7)：76.

［5］张珂. 纸浆造型艺术初探［J］. 美术研究, 2014 (2)：116－120.

［6］张珂, 王雁. 纸浆造型艺术实验的探索与实践［J］. 实验室研究与探索, 2013 (12)：190－239.

［7］凌宇冰. 白粉注意的彩墨画与"松平风格"引起的思考［A］. 范达明. 美术评论与研究, 浙江大学出版社, 2010.

［8］佟春燕. 典藏文明：古代造纸印刷术［M］. 北京：文物出版社, 2007.

［9］许焕杰. 纸祖千秋［M］. 长沙：岳麓书社, 2005.

［10］刘仁庆. 造纸趣话妙读［M］. 北京：中国轻工业出版社, 2008.

［11］刘仁庆. 中国古纸谱［M］. 北京：知识产权出版社, 2009.

［12］冯彤. 和纸的艺术［M］. 北京：中国社会科学出版社, 2010.

［13］曹天生. 中国宣纸发祥地［M］. 合肥：合肥工业大学出版社, 2012.

［14］潘吉星. 中国造纸技术史稿［M］. 北京：文物出版社, 1979.

［15］张金声. 造纸术的演变［M］. 济南：山东科学技术出版社, 2008.

［16］黑崎彰. 纸的造型［M］. 日本：六耀社, 2000.

［17］伊部京子. 现代的纸造型［M］. 东京：至文堂, 2000.

［18］黑崎彰, 张珂, 杜松儒. 世界版画史［M］. 北京：人民美术出版社, 2004.

［19］刘仁庆. 纸张小百科［M］. 北京：化学工业出版社, 2005.

［20］曹天生. 中国宣纸［M］. 北京：中国轻工业出版社, 2000.

［21］小林一夫. 我们来做纸［M］日本：少年写真新闻社, 1992.

［22］渡边国夫. 纸的研究［M］. 日本：岩崎书店, 2004.

［23］柳桥真. 和纸事典［M］. 日本：朝日新闻社，1986.

［24］金子量重. 和纸的造型［M］. 日本：中央公论社，1984.

［25］永井正子，等. 洋纸百科［M］. 日本：朝日新闻社，1986.

［26］高石麻代. 以再生纸浆为材料进行艺术创作的提案［M］. 日本：京都教育大学实践研究纪要，2011.

［27］吉冈幸雄. 和纸［M］. 日本：平凡社，1982.

后　　记

2005 年，我调入华南理工大学，开始筹建纸浆造型艺术工作室，同时进行有关的教学和研究工作，至今已经有十余年，工作室也具备了一定的规模，聘请过国内外的专家来指导。尤其是我的导师黑崎彰先生，数次来到这里，担任本科生和研究生的课程。在这个过程中，我受益匪浅，对于工作室的建设，也获得诸多建议，使其能够不断完善，在此深表感谢！

通过努力获得了广东省、广州市，以及学校的经费赞助，得以在教学与科研方面都取得了一定的成果，这几年分别获得：广东省哲学社会科学"十二五"规划资助项目、广东省哲学社会科学"十二五"规划共建项目、广东省教育科学规划课题、中央高校基本科研业务费项目、广州市哲学社会科学发展"十三五"规划课题，以及华南理工大学精品课程、华南理工大学教改项目、华南理工大学探索性实验项目。

在研究过程中，我的团队给予了我很大的支持，进行了多方面的协助，其中，潘洁珊对国内外纸浆材料的调查和艺术作品的技法研究，朱斐然对于纸浆材料在设计中的运用，李哲楠在纸材料的透光性与空间装饰的运用，陈章运用型版法进行纸浆作品的制作等，都付出了大量的精力与汗水，在此表示感谢。

最后感谢华南理工大学出版社的大力支持，此书获得本年度的出版基金，得以顺利出版，以了多年的心愿，也是这些年研究的一个成果。

张　珂

2017 年金秋